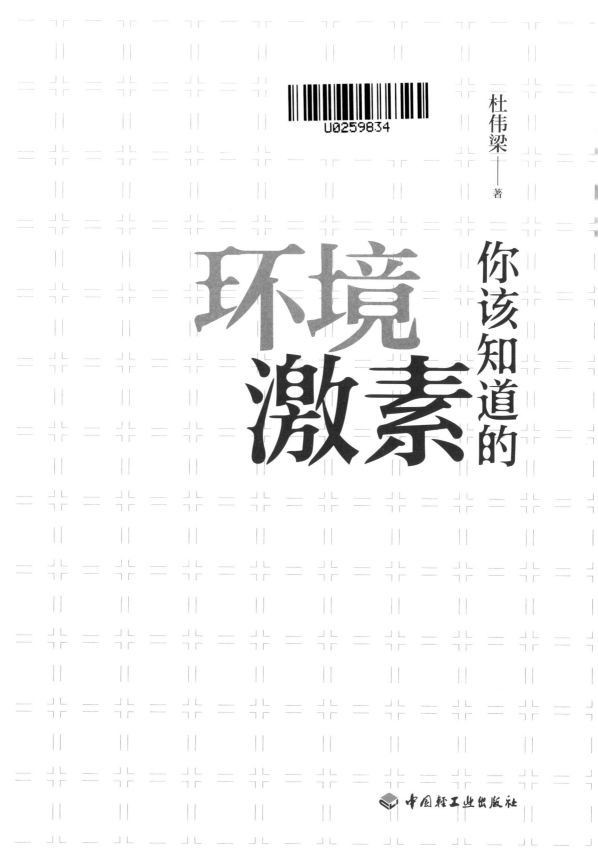

U0259834

杜伟梁 —— 著

你该知道的

环境激素

中国轻工业出版社

小心！别让潜伏毒物夺走你我的未来

　　过去几年间，因为工作缘故与多个国际知名彩妆护肤品顶尖科研团队，以及欧盟、美国、中国等多国政府相关部门和科学家合作共事、交流经验，获得关于内分泌干扰物[1]（Endocrine Disrupting Chemicals, EDCs）的丰富知识，使作者深刻意识到，EDCs正潜伏在我们每日的衣食住行中，毒害着你我，还有我们下一代的健康，不分男女老少。

　　2014年初，世界卫生组织（WHO）发表令人不安的《全球癌症报告2014》，预测全球癌症病例将呈现急速增长态势，"由2012年的1400万人，逐年递增至2025年的1900万人，在2035年将达到2400万人[2]。"单看2012年的数字，新增癌症病例有将近一半出现在亚洲，其中以中国占大部分，而中国新增癌症病例更高居全球第一位。试想，如果能在得病前多做些预防性工作，对于这千万病人和他们的家人来说，无疑是一件最令人喜悦的美事！

　　然而不知何故，EDCs在欧美是天大的公共卫生议题，在华人社会却鲜为人知。科学家相信内分泌干扰物与乳腺癌、子宫癌、卵巢癌、前列腺癌和睾丸癌等癌症发病率大幅提高关系密切，并非只是新闻报道比例较高的塑化剂问题。鉴于华人社会对这潜在的人类大灾害认识有限且零碎，作者出于正义感以及喜欢分享的性格，希望通过文字为大家深入浅出地介绍EDCs最新

1　内分泌干扰物（Endocrine Disrupting Chemicals, EDCs），又称内分泌干扰化学物。基于通俗、普遍及符合学术精确性的考量，相关学者专家建议主管机关发布正式文件时，以"内分泌干扰物"作为统一使用的专有名词。

2　世界卫生组织历年全球癌症数字来源：http://globocan.iarc.fr/Pages/fact_sheets_cancer.aspx。

的科学研究知识和应用，特别是针对影响最广泛的类雌激素内分泌干扰物。

通过你我生活中熟悉的例子，将内分泌干扰物在常见消费品中所造成的健康、环境问题及科学证据传达给大家。作者相信知识就是力量，并期许这本书能成为协助大家选择更安全和天然产品的指引。

（杜伟梁）

你该知道的内分泌干扰物（环境激素）

中国人有着"差不多先生"的血统，再加点"小事精明，大事糊涂"的视野，你问他们：什么是人工合成激素？或者内分泌干扰物？相信很多人会说不知道，而且不感兴趣。但如果你家中有小宝宝，选购婴儿产品却不懂得避开双酚A（Bisphenol A, BPA），那么你一定不及格！

女性在购买护肤化妆品时，看见包装上有Paraben-Free（不含对羟基苯甲酸酯类防腐剂）字眼，或许一知半解，但总感觉好一些，天然一点。例如在中国台湾和香港地区颇具知名度的日系美妆品牌芳珂（FANCL），最初引进就是凭借"无添加"这个卖点在市场上迅速打响名号。

即使平日再不关心时事、疏忽重大社会问题，健忘的人总多少记得：导致儿童肾结石的三聚氰胺（Melamine）毒奶粉，或近年"两岸三地"多次报道的有毒镉米事件——都是内分泌干扰物家族成员酿的祸！

其实，内分泌干扰物给人类带来大灾害不是什么新鲜事。早在1970年之前，被认为强效安全的药物己烯雌酚（Diethylstilbestrol, DES），一种由人工合成的雌激素作用化合物，曾作为医生处方药剂，用来预防流产，广泛施用于治疗多达500万名易流产的女性。多年后却发现，服用此药物的孕妇所产下的女婴有25%出现阴道、子宫等生殖系统发育不全，造成癌症病变的问题。

另一例子为著名的合成农药和杀虫剂滴滴涕（Dichloro-Diphenyl-Trichloroethane, DDT）家族。作为全球毒害，它们曾为人类创造"干净舒适"的环境，讽刺的是，发明人还因此获得1948年诺贝尔化学奖。虽然多数国家已经禁止或限制制造及使用DDT，但是这些灾难就像核事故一样，科学家发现DDT在环境中非常难分解，并可在脂肪内蓄积，对人类和动物的长期毒性，包括基因毒性、内分泌干扰作用和致癌性影响，至今仍未能消除。

再告诉你一个"不方便的真相"。

自工业革命以来，我们所使用有注册记录的人造化学品超过87000种，并且每年大约有2000多种新的化学品进入市场，其中大半人造化学品没有经过内分泌干扰安全测试便被大量应用于日常消费品中。

虽然如此，作者并不是说所有大企业、大品牌都在掩盖这不光彩的事实，而是过去几十年，我们的科研和消费市场一直只专注于提升产品的功能效果，再用美丽的名人明星代言和电脑特效无限放大……掏腰包买产品的消费者是否也应该重新省思，主动去了解广告背后未被提到的另一面，要求并督促厂商提供消费者咨询渠道，以及在商品包装上清楚标示产品成分?!

历史灾难告诉我们的，大多数都属于事后诸葛。20世纪我们耗费了几十年时间，才终于战胜烟草和石油公司，确认所谓"吸烟有害"和"含铅汽油有害"，而今天眼看人造化学品充斥在我们周围，没有人会否认一个简单的事实：**换成内分泌干扰物（EDCs），历史灾难正在你我身上重复上演。**

经过十余年的研究，2013年初世界卫生组织最新发表出版的《2012内分泌干扰物科学报告》（*State of the Science of Endocrine Disrupting Chemicals 2012*）指出，这些内分泌干扰物对人类的潜在危害数之不尽。例如，增加女性罹患乳腺癌及子宫癌、男性罹患前列腺癌的概率，降低男性精子数量和品质，在胎儿发育阶段影响中枢神经系统的发展，以及造成男童女性化，提高女婴出生率和女童性早熟的机会，甚至引起肥胖症、引发甲状腺癌、降低人体免疫力等。

由于内分泌干扰物广泛存在于消费品及环境中，美国国家环境保护署（Environmental Protection Agency, EPA）已经把有关问题列为继臭氧层空洞与温室效应之后，由人类所造成的大灾害。"内分泌干扰物的污染"也引发了西方国家企业、监管机构和立法组织的高度重视与相关法规变革。这一切，只是这场运动的开始，而你，绝不可以不知道!

由于内分泌干扰物的种类和影响很广，本书除了列举常见的含有EDCs的产品的生活例子，主要讨论其中国际研究最多且影响最广泛的"雌激素干扰素"，又称女性激素干扰素或类雌激素。

读完本书后，你会发现这些化学品就像中国香港某超商广告口号——"**经常都在你左右**"，或许因此使你重新思考我们的健康与每日选择消费品的直接关系。期待本书可以帮助你"选择做出选择"（Choose to choose），别让内分泌干扰物（环境激素）的影响延续下去。

第3章 | EDCs对生理健康的影响

第4章｜无处不在的EDCs

阅读之前

本书出版目的不是增加大众对现在食品和日用品安全的担忧，而是想重申和说明内分泌干扰物这个重大且广泛的问题，以及最新医学研究和检测科学发展如何与你我健康息息相关。

书中内容为作者自身经验和引述第三方资料，不论同意与否，都希望读者能用开放、自由的心态去读，因为重点不只在于纸面上的文字，而是在于阅读过程。若本书能够引发读者思考，让大家对传统化学检测（Testing 1.0技术）判断所谓"安全食用（或使用）"的盲点有所认识，作者的愿望也就实现了。

另外，现在作者的合作伙伴大多是西方大企业，它们看到的不单是内分泌干扰物导致的环境灾难，甚至已经洞察未来主导产品市场变化的潮流，并且积极做好准备。作为亚洲华人商业营运者，希望也能留意到书中提及的对雌激素物质敏感和关注的群体数字之庞大。

产品一旦缺乏成分标示，消费者购物几乎无从选择。现今市场上虽然已有为麸质不耐受者标示"不含麸质（Gluten-Free）"的食品，从蛋糕、饼干等甜点到面包、面条、零食，琳琅满目，但对于更巨大的"雌激素安全（Estrogen-Safe）认证"[3]在食品及日用品市场的消费需求却尚未被满足。

---

3 2017年5月，水中银（国际）生物科技有限公司（简称"水中银"）宣布应用全球独家"转基因青鳉鱼"及"斑马鱼"胚胎毒性测试技术于日常食用品及护肤品，架设全球首个以生物测试Testing 2.0技术做产品检测的消费品安全信息平台——"小鱼亲测"，为符合更高安全标准的产品做认证计划，把产品检测结果的安全属性分为三类：绿鱼代表"品质卓越"；黄鱼代表"基本合格"；红鱼代表"有待改善"。其中主要检测项目包括雌激素活性测试，凡雌激素活性低于其他同类产品或在容许范围内，即可获颁绿鱼安全标志证书，并获得授权使用绿鱼安全标志。消费者只要认清商品上的绿鱼安全标志，便可以安心选购相关产品。

过去几年，标榜绿色和有机的产品在全球市场一直保持两位数的增长，开发"雌激素安全"的商品不单纯是商机，也是顺应食品安全的潮流和履行社会责任，有不分地域的实在需求。试问，只要有"选择"，正常人会购买对自己身体有负面影响和污染环境的商品吗？

第1章 什么是内分泌干扰物?

前面做过简单说明，内分泌干扰物［又称内分泌干扰化学物、环境激素（Endocrine Disrupting Chemicals, EDCs）］，考虑到要通俗普遍又要符合学术精确性，学者专家建议主管机关以"内分泌干扰物"发布正式文件。而顾名思义，它和内分泌系统究竟有什么关系？

内分泌系统vs内分泌干扰物

内分泌系统

内分泌系统又称激素系统，存在于所有哺乳动物、鸟类、鱼类和许多其他类型的生物体体内。它们是由分布在全身、会释放天然激素的腺体所组成。

脊椎动物（包括人类在内）自身可产生约50种激素。你可以把每种自身内源激素简单比喻为"特定形状的钥匙"（右图），它们从腺体释放，通过血液到达周围的各种器官和组织。各种器官和组织门口有特定形状的"锁"（受体）去识别和回应激素这把钥匙。匹配的"钥匙"能够打开"锁"，决定每个特定蛋白质的基因建立。这些奇妙和独特的开关维持整个身体的正常运作。

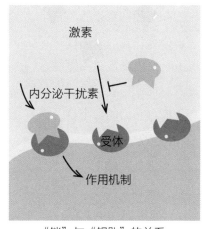

"锁"与"钥匙"的关系

内分泌系统调节体内重要的生物过程，从婴儿到成年到步入老年，包括大脑的发育和神经系统、生殖系统的生长和功能，以及新陈代谢和血糖浓度。女性卵巢、男性睾丸和脑下垂体、甲状腺、肾上腺都是内分泌系统主要的构成部分。人类自身内源激素当中最重要的三种激素分别是：

- 雌激素（estrogens）：负责女性性征，本书讨论重点。
- 雄激素（androgens）：负责男性性征。
- 甲状腺激素（thyroid hormones）：负责新陈代谢等生物过程控制。

内分泌干扰物（EDCs）

内分泌干扰物俗称"环境激素"，顾名思义是会扰乱正常内分泌系统的人工合成物质，其干扰路径可以有多种。简单来说，有些人造化学物质的结构形状太像内源天然激素的"钥匙"，同样可以打开那些受体"锁"，控制生产或减产激素，或者结构模拟人体自身激素直接影响身体。

前文提及生物正常的内分泌包含激素如雌激素等，人类和动物最重要的生殖系统与生殖能力和内分泌有关，因此，全面了解这些能扰乱生殖系统的化学物质，以及它们对人体的影响，是人类的大事情。

常见的干扰例子

某些药物也是雌激素干扰素的一种，例如常用的**避孕药**。但避孕药是人类自己选择，故意用作特定功能，潜在风险也应该自己承受。然而在很多情况下，有更多涉及类雌激素的产品，是消费者在不知道和未被告知的情况下摄入，商业广告只描述产品的优点，对潜在问题隐而不提。以前大家或许没有考虑过它们的安全性，在看完这本书后，我希望大家至少可以好好重新思考和开始发问。

不少含有能干扰人体内分泌正常运作的人工合成化学物质，被广泛地用于合成香料、农药、防腐剂、染料和其他常见化合物，而最终被制作成各种日常用品，如**个人护理产品和非有机种植的农产品**。

人工合成化学物质的活性化学结构与雌激素、睾酮等天然激素相似，因此会干扰野生动物和人体的内分泌系统，影响大小也随生物类别、年龄和性别有所不同。以胎儿和新生儿最容易受到伤害，尤其是影响其生殖系统、脑组织及中枢神经某些部位的发展，容易造成儿童学习能力低下，无法集中注意力。

而除了人工合成的化学物质外，也有许多人问：

植物中的大豆异黄酮也是天然雌激素，
会不会有同样的影响？

其实，人造化学内分泌干扰物从根本上不同于植物雌激素，因此**身体能够分解和排泄天然雌激素，但是许多人造化学品却不容易被分解。**我们身体天生的排毒机制不了解这些非自然的东西，就像大自然环境不能分解人类强硬施加的塑料袋一样，这些物质最终只能堆积在体内，像漂浮在海上的塑料垃圾。这导致了即使低浓度但长期的摄入，也使我们暴露于潜在巨大的影响下（下表）。

■ **内分泌干扰物对人体已知的潜在影响**

男性	女性
• 精子品质及数量下降 • 阴茎短于正常大小 • 睾丸癌 • 睾丸变小 • 胸部增大 • 肛门及生殖器距离异常 • 前列腺癌 • 不育	• 乳腺癌 • 子宫内膜异位症 • 子宫癌 • 生育男孩概率下降 • 纤维囊性乳腺病 • 子宫囊肿 • 偏头痛 • 不孕 • 性早熟 • 母乳减少
不分性别的情况	
• 2型糖尿病 • 先天肥胖 • 后代学习能力下降（注意力缺陷多动症，ADHD）	

内分泌干扰物污染环境后，再经食物链（饮食）或直接接触等进入人体及动物体内，影响其生殖系统。历史告诉我们，类雌激素如己烯雌酚（DES）一旦进入人体后不轻易被分解，后遗症能祸延第二代甚至第三代。

EDCs对人体生理的影响，我们将会在第三章详细说明。

只吃很少没关系？

科学界发现，**使用多年的传统毒理学测试，以高浓度的结果推算低浓度的效应，这个方法并不适用于EDCs。**

传统的毒理学研究主要通过动物实验，找出一个最低导致急性负面反应的浓度（NOAEL），政府安全机构[4]再按一定安全要求将动物实验找出的浓度降低数倍，制订所谓的安全浓度或每日摄入量。

内分泌干扰物的毒性与我们传统研究所知的急性毒性不同，它所导致的严重健康问题只需要低浓度，使传统的急性毒性数据无法发挥保障这类健康风险的作用，因而导致多年以后才能被观察到的非即时问题，部分动物实验的表观遗传效应更影响高达七代。

最需要考虑的是

哪些阶段时期与对象暴露于EDCs的污染？

有一些群体较其他更容易因接触内分泌干扰物，生殖系统发育受到长远的负面影响，其中**受负面影响最大的群体，包括胎儿、初生婴儿及青春期少年。**

低浓度的内分泌干扰物足以对生物化学与细胞作用机制造成巨大的改变，尤其在**怀孕期胚胎形成与婴幼儿成长初期**影响最大。危害效应轻则造成婴儿神经发育不全，对免疫与生殖系统有不良影响，重则引发基因突变，有

---

4 例如，世界卫生组织（World Health Organization, WHO）、美国国家环境保护署（United States Environmental Protection Agency, US EPA），或是欧洲食品安全局（European Food Safety Authority, EFSA）。

些甚至会在超低浓度下导致不同于高浓度时的毒性效果。毒物学界专家普遍认为我们对EDCs毒性的理解及测试方法需要改写。

内分泌干扰物的广泛应用

我们日常生活中潜藏的内分泌干扰物，几乎涵盖衣食住行各方面，被用于我们每日接触的各种物品，包括：

- 防腐剂：用于化妆品和家用清洁剂等。
- 塑化剂：用于塑料产品和人工香料等。
- 双酚A：用于制造标示"PC"（聚碳酸酯）及"PVC"（聚氯乙烯）字样的塑料制品（塑料材质回收辨识码为7号与3号），如智能手机的机身外壳、DVD；以及用于食品罐头内层与热感应纸，如传真纸、ATM明细表、信用卡签单和发票。
- 衣服涂层（特别是防污、防水物料）。
- 建筑物料（特别是防火物料／阻燃剂）。
- 农药。
- 工业污染土地所出产的食品。

第2章 新型"全球威胁"

当听到"全球性威胁"几个字，你可能认为是中东、朝鲜核武器问题、恐怖主义或气候变化……但肯定不会想到与你每天沐浴梳洗用的洗发水、洗手液、牙膏，早上厨房用来煎鸡蛋的不粘锅、即食罐头，冰箱里的草莓，嘴里正在嚼的口香糖，甚至外出涂抹的防晒霜有关。

EDCs究竟有多可怕？

环境激素的全球性危害

联合国环境规划署（UNEP）和世界卫生组织（WHO）在2013年共同发表一份重要的最新科研报告《内分泌干扰物的科学现状》，认为环境激素真的可能造成各种对动物和人类的全球性风险，因为有许多人工合成的化学物质，在未测试过它们对内分泌系统产生的干扰影响之前，便被大量使用在我们日常的衣食住行当中。

EDCs令动物界"变性"

野生动物首当其冲，因人类造成的污染，出现双性化、甲状腺异常、雄性个体数大量减少、雌性雄性化和雄性雌性化及生殖器短小化等现象，部分物种受到灭绝的威胁。

2000年，科学家在挪威斯瓦尔巴群岛（Svalbard Islands）上，发现超过40只雌雄同体的野生北极熊，长有两种性器官，被新闻界报道为"阴阳熊"现象。

2004年，美国生物学家在科罗拉多州一间污水处理厂附近的河流做研究，发现当地大量鲫鱼出现雌雄同体，雌性鱼的数量甚至远远超过雄性鱼。英国也出现类似情况，其政府研究过全国42条河流后，发现有三分之一雄性鱼长出雌性生殖器官和组织。

2005年，科学家在阿拉斯加的科迪亚克岛（Kodiak Islands）上发现，雄性黑尾鹿睾丸和鹿茸发育不全的比例高得很不寻常，怀疑是因生长环境受到类雌激素污染所致。

2008年，法国科学家发现法国西南部一带河流有大量雄性黑鱼出现雌鱼性征，就像"男人的睾丸内装满女性卵子"一般。

2014年，西班牙北部巴斯克自治区（Basque Country）沿海六个区域受到塑化剂、避孕药、农药等环境激素的污染，科学家发现当地雄性和雌性鱼类比例严重失衡，雌鱼数量大增、雄鱼出现雌鱼性征，情况令人担忧。

> 种种现象显示
> **EDCs对环境的破坏越来越严重！**

环境污染与动物雌性化息息相关，由于现在大部分EDCs以一般污水处理过程无法清除，排入河流后，一路顺流入大海，河流、海域受到家居、工业和农业活动排出的塑化剂、农药、避孕药、香水和卫浴清洁剂等化学物污染，其"药效"等同雌激素，被不同生物吸收，影响生物体内的激素平衡，令自然界生物最终都"变性"了。

内分泌干扰物对人类造成的大灾害

由于近年的塑化剂风波，许多人因此认识到"内分泌干扰物"或"环境激素"这些"新"名词，但其实它们一点都不"新"，过去也曾经对人类造成几次大灾害。

早期的科学家和医疗从业人员都认为，人类和实验动物内分泌反应不同，当测试新的合成化学物质时，发生在实验室动物身上的病变，不太可能与人体完全相同，直到两件有关EDCs的医学灾难事件发生，研究学者的想法才开始有所改变。

事件一：对成人安全的药未必对胎儿安全

20世纪50年代，德国药商格兰泰（Grünenthal GmbH）最"著名"的产品之一沙利度胺（Thalidomide，一种镇静剂、安眠药）为这起悲剧揭开序幕。当年妇女在怀孕5～8周时，即使只服用少量此种药物，也会导致生出俗称"海豹肢症"的短形肢畸婴儿（Phocomelia），名人Nick Vujicic即是此症患者。

格兰泰公司随后发现，这种药品对新生儿的危害不仅是四肢，还可能导致眼睛、耳朵、心脏和生殖器官等方面缺陷。包括欧洲、澳大利亚、加拿大和日本等地区和国家，全球有超过8000名儿童受到影响，这起悲剧明确指出：**即使对成人安全的用药剂量，在某一关键时期（尤其是在怀孕期），对胎儿也足以产生毁灭性的终生影响。**

1961年起，沙利度胺虽然已被禁止销售，但格兰泰公司始终拒绝承担责任。直至2012年，格兰泰公司首席执行官Harald Stock发表谈话，50年来首次就此药品导致新生儿先天畸形表示道歉。

事件二：妈妈服药对胎儿的延迟影响能跨代

另一灾难事件影响更为深远，也是医学界所熟悉的。

1938年由英国牛津大学医生Leon Goldberg所合成的人造雌激素己烯雌酚（diethylstilbestrol, DES），由于在人体中可发生类似雌激素的功能，用途广泛多变，被当时医学界视为"仙丹"，用于治疗妇女早产、流产等病症。

直到1966—1969年，哈佛大学教学医院波士顿医院的医生发现，上门求诊的年轻女孩居然被诊断出一般只会发生在50岁以上妇女的罕见疾病——阴道癌（Clear-Cell Adenocarcinoma, CCA，为子宫颈癌之一），而确诊病例的8位求诊患者年龄只有15～22岁，其中竟然有7位的母亲在怀孕3个月时曾服用DES。由于服药至发病的时间颇长，DES潜在灾难的问题一直到数十年后才被发现，至今仍有许多人深受其苦。

虽然我们很早便经历上述两件EDCs的医学灾难，但学术界却在1988年才注意到其他内分泌干扰物对人类与环境的影响。当时美国威斯康星大学Theo Colborn教授正于北美洲五大湖（Great Lakes）做研究，发现当地生物大量被"雌性化"，因此与21位来自国际其他地方的科学家于1991年7月联合发表温氏毕共同宣言（Wingspread Consensus Statement），强调内分泌干扰物的潜在危害。

然而这个问题在当时并未受到重视，直到1996年Colborn教授发表出版《失窃的未来》（*Our Stolen Future*），由关心环境问题的诺贝尔得奖者、前美国副总统Albert Gore作序，成为当年度纽约时报畅销书，书中特别提及EDCs对儿童和孕妇可能造成的影响，才终于引起国际社会和大众的广泛关注。

小科普　己烯雌酚（DES）的危害

早期认为女性体内雌激素不足容易流产，所以己烯雌酚（DES）最早被用来治疗妇女流产和早产问题，进而广泛应用于协助产后母亲断奶、治疗儿童青春期的粉刺、淋病，抑制青春期少女长得太高；1960年后农业界也大量用于家畜的饲料添加剂，或从颈部、耳部植入，作为加速鸡、牛和其他家禽、家畜生长发育的生长激素，使得DES也可能通过食用家禽、家畜转移到人体，产生副作用。

后来的动物实验指出，DES除了影响胎儿的生殖能力外，也可能会影响脑、脑下垂体、胸部乳腺体和免疫系统的发育，进而造成永久的改变，使孩子在未来容易遭受病变的侵袭。例如，女性怀孕时较易流产，主要因为DES所致的畸形子宫，出现T形子宫和输卵管异常。对男性胎儿来说，由DES引起的症状包括隐睾、睾丸癌、附睾囊肿、不育等。

而在以老鼠为对象做免疫系统研究时发现，出生之前曾接触到DES的雌鼠，所生出幼鼠的T-辅助细胞（T-Helper Cell）和自然杀伤细胞（Natural Killer Cell）（控制免疫系统的主要细胞）数量少于正常值，导致身体抗癌能力降低，长大后较易受到化学致癌物侵袭而患癌症。同样地，T-辅助细胞和自然杀伤细胞数目减少的现象，也发生在胎儿时就接触过DES的妇女身上。

从DES的危害事件中，人们了解到化学物质能穿透胎盘干扰胎儿发育，产生数十年后才可能看到的可怕结果，这是以往医学界从未注意到的"迟缓的长期效应"（Delayed Long-Term Effects）——直到儿童成长到青春期或之后的人生阶段才发作的效应。更可怕的是，父母不仅要担忧初生婴儿外表可见的畸形风险，还要担心不是马上可察觉对组织和生育所造成的隐形影响！而生产DES的美国厂商与受害者缠讼多年，一直到2013年才与幸存的受害者达成庭外不公开金额的赔偿和解。

◆ ◆ ◆

■ **其他环境激素污染事件**

发生地点	污染物	影响范围
20世纪70年代越南战争时期越南大片森林	橙剂（Agent Orange，落叶剂），含剧毒二噁英（Dioxin）	污染200万公顷林木，超过100万人出现癌症、神经和心脏等各种疾病，并造成日后数十万出生儿童有身体残缺、畸形、智力不足等健康问题，甚至参与越南战争的美国军人退伍后也无法幸免
1976年意大利塞维索（Seveso）	大量二噁英及其他有毒物质外泄	化工厂爆炸，导致大量家禽及野生动物遭扑杀，孕妇被建议进行人工流产

全球各界的回应

如前所述，环境激素在欧洲、美国是很大的公共卫生问题，但华人社会对这讨论多时的人类大灾害的认识却非常有限和零碎，现代生活当中无法完全避开接触内分泌干扰物，而且每个人有自由选择生活的权利，作者写这些并不是想要增加大家的恐慌，只是希望各位作的选择是所谓"知情的决定"（Informed Decision），就像吸烟者在充分被告知尼古丁对健康的危害后，有绝对自由的选择继续吸烟。

各国政府的回应及政府间的合作

由于《失窃的未来》一书在英语国家出版，引发各国及社会上对EDCs

的广泛关注。1997年5月，八国集团环境部长会议在美国迈阿密聚会讨论有关环境与儿童的健康，会上也特别讨论了内分泌干扰物所引起的问题，发表共同宣言确认"婴幼儿可能遭受到此类污染物的潜在效应的特别风险，儿童可能通过在子宫内、母乳和环境接触到内分泌干扰物质"，并且强调继续发展国际性评估最新科学进展、确认和设定相关研究优先次序、补充现有数据不足的重要性。在主要的内分泌干扰物来源和环境影响被确认后，须共同合作制订风险管理或污染防治等策略。

以美国为例，早在1995年10月，当时的环境保护署署长Carol Browner即要求所属单位拟定新的国家政策，首次将环境中的内分泌干扰物对婴幼儿的危害风险列入环境影响评估的考虑要素之一。

1999年，美国儿科学会（American Academy of Pediatrics, AAP）出版《儿科（医生）环境健康手册》（*Handbook of Pediatric Environmental Health*），提醒儿科医生和大众注意环境激素对儿童健康造成的永久性影响，尤其是二噁英（Dioxin）和双酚A（BPA）等内分泌干扰物。

1996年8月，美国国会通过最早且具代表性的行政指令《食品品质保护法案》（Food Quality Protection Act, FQPA）和《安全饮用水法案》（Safe Drinking Water Act, SDWA）。其主要内容要求美国环境保护署对下列几项进行管制：

- 食品中会干扰内分泌之活性和配方成分。
- 与农药一起产生累积干扰内分泌效应的化学物质。
- 多人饮用的水源中的内分泌干扰物。

其他国家相关部门及国际组织如英国环境部、交通部和区域部，以及日本环境厅、经济合作与发展组织（OECD）和联合国环境规划署（United Nations Environment Programme, UNEP）也会开展相关的研究题目和一些基本政策方向的讨论。但可惜的是，即使数千名科学家和各国政府已经过20多年的努力，至今仍然只看到问题的"冰山一角"，其原因有以下几点：

一、检测费时且方法有待完善

任何风险评估（Risk assessment）必先拥有完善和科学确立的方法及实

验架构。拥有强大资源的美国环境保护署为此组成了"内分泌干扰物质筛选及测定方法咨询委员会"（Endocrine Disruptor Screening and Testing Advisory Committee, EDSTAC），选定以细胞和小型哺乳类动物为骨干的层级法（tiered approach）架构，发展包含体外（in-vitro）和体内（in-vivo）的测试方法，建立"内分泌干扰物筛选计划"（Endocrine Disruptor Screening Program, EDSP）。

第一阶段筛选一般利用人类或动物的单细胞在试管或培养皿中进行，又称为细胞系（Cell Line）；体内测试通常直接在活着的动物身上进行，为更复杂的第二阶段筛选测试和分析方法。但通过此架构收集到数据用以鉴定危害之前，往往必须花上数年的时间，在不同的实验室内为这些测试方法做长时间的验证（validation），过程中还需要更多时间进一步调整和优化方法。

二、人造化学物质数量惊人

根据1995年美国环境保护署的估算，人工合成的化学物质有500万种，每一年有2000种新的化学物质进出市场（越来越多是受专利保护、不公开资料的合成新物质）。市售使用约有87000种，工业用化学物质有75500种，用来生产数百万种日常产品。900种农药活性成分、2500种农药配方成分，8000种化妆品原料、食品添加剂和营养补充剂，以及3300种人体用药物。

> 要有效确认和鉴定那87000种
> 每天商业都在使用的化学物质是否为"环境激素"
> 需要多长时间？

2012年美国政府公布，从2009年开始，第一批已完成体外筛选测试的化学原料清单少得可怜，仅有73种，而这还未包括更复杂的第二阶段体内测试和之后繁复耗时的混合成分测试。

顺带一提，每次第二阶段的体内测试将用成千上万只小型哺乳类动物，无可讳言地会被视为全球规模最大的动物测试，因此这个方法在西方已经受到动物保护团体的强烈反对，并且诉诸政治层面阻碍，而这也意味着内分泌干扰物质的筛选进度将会更慢！

虽然美国环境保护署在2010年宣布，第二批筛选清单的检验工作将检测134种化学物质，确认是否有干扰生物内分泌系统的能力，但直到六年后的今天，实质性工作尚未开始进行。

另外，世界卫生组织于2013年发表题为《内分泌干扰物的科学现状》的最新报告，强调内分泌干扰物和健康问题之间的联系，包括某些已知化学品对男孩睾丸发育的潜在危害，对女性乳腺癌、男性前列腺癌、甲状腺癌和儿童多动症，以及对儿童神经系统发育的影响。

这份报告表示，人工合成的内分泌干扰物在农药、电子产品、个人护理产品、食品添加剂、化妆品和污染物中广泛存在，迫切呼吁各界投入更多研究，以充分了解存在于家庭和工业产品中的内分泌干扰物与各种具体疾病之间的关系，减少潜在的疾病威胁和节省公共卫生支出。

参与这份报告的杰出科学家都很谦卑地承认，目前人类已知的内分泌干扰物只是"冰山一角"，需要更全面的测试方法来识别其他可能的众多内分泌干扰物及其来源与传播路线。

至于台湾、香港地区对内分泌干扰物的管理现况？

台湾地区虽早在2000年已有非营利组织邀集专家学者在讨论研究环境激素的问题及管理机制，现阶段对环境激素的管制仍局限于《斯德哥尔摩公约》（Stockholm Convention）截至2017年所公告列管的28种持久性有机污染物[5]（persistent organic pollutants, POPs），成立POPs制定小组，针对公约列管物质规划并制定相关法令及政策。有关POPs公约资料及台湾地区管理现况与成果，也可通过环保部门持久性有机污染物（POPs）信息网站（http://pops.epa.gov.tw/）查询了解。

2009年台湾地区行政管理部门指定"环境保护署"为"环境激素管理机

---

5 持久性有机污染物（persistent organic pollutants, POPs）能经由大气传输至偏远地区，通过食物链的累积，长期滞留于自然环境中，具有持久性、半挥发性、生物累积性和高毒性等特征，极可能对全球的生态系统和人体健康造成深远的影响。

制"的管理召集机构，负责邀集经济部门、卫生部门[6]、农业委员会等相关机构组成推动小组，研拟台湾环境激素管理的短、中、长期计划，以应对不断增加、成千上万疑似环境激素的物质。

但后来除了2011年爆发塑化剂事件，于2013年紧急订立相关管理办法，到目前为止并没有提出任何前瞻性和全面的策略，其他可能对人类健康与生态环境造成巨大危害的工业及农业用环境激素，依然每天被大量使用。香港地区也出现类似的情况。

小科普 **斯德哥尔摩公约**

《斯德哥尔摩公约》（Stockholm Convention）是有关环境保护的国际公约，因最初公约协商在斯德哥尔摩结束而命名，由128个团体和151个国家于2004年共同签署生效，目的在于禁用或限制生产持久性有机污染物（POPs）与支援较落后国家寻找替代品。公约要求各国必须采取措施，减少环境中持久性有机污染物残留，进而确保食品安全。截至2017年，公约共计管制28种持久性有机污染物，而科学家发现很多被管制的有机污染物同样是环境激素，而且数目还在持续增加中。

■ **斯德哥尔摩公约列管POPs种类**

	有意产生或使用化学物质		无意产生或使用化学物质
分类/列管批次及年份	附件A （需消除，必须禁止或采取必要的法律或行政手段消除）	附件B （需限制，必须采取措施，依照可接受用途或特定豁免，严格限制）	附件C （需减少，必须采取措施减少化学品的无意排放）

6　自2013年7月，卫生部门内部整合，更名为"卫生福利部"（简称"卫福部"）。

续表

	有意产生或使用化学物质		无意产生或使用化学物质
首批 2005	艾氏剂（Aldrin） 氯丹（Chlordane） 地特灵（Dieldrin） 安特灵（Endrin） 壒（Heptachlor） 六氯苯（Hexachlorobenzene） 灭蚁乐（Mirex） 毒杀芬（Toxaphene） 多氯联苯[1]（PCBs）	滴滴涕[2] （DDT）	二噁英[3]（Dioxins） 呋喃[3]（Furans） 多氯联苯[1]（PCBs） 六氯苯 （Hexachlorobenzene）
第二批 2009 （COP4）	α-六氯环己烷（α-HCH） β-六氯环己烷（β-HCH） 灵丹[4]（Lindane） 十氯酮（Chlordecone） 六溴联苯（Hexabromobiphenyl） 六溴二苯醚和七溴二苯醚[5] （HexaBDE & HeptaBDE） 四溴二苯醚和五溴二苯醚[5] （TetraBDE & PentaBDE） 五氯苯 （Pentachlorobenzene）	全氟辛烷磺 酸（PFOS）及 其盐类和全 氟辛烷磺酰氟 （PFOSF）[6]	五氯苯 （Pentachlorobenzene）
第三批 2011 （COP5）	硫丹[7]（Endosulfan）	—	—
第四批 2013 （COP6）	六溴环十二烷[8]（HBCDD）	—	—
第五批 2015 （COP7）	氯化萘 （Chlorinated naphthalenes） 六氯-1,3-丁二烯 （Hexachloro-1,3-butadiene） 五氯酚（Pentachlorophenol）及 其盐类和酯类	—	氯化萘 （Chlorinated naphthalenes）

续表

	有意产生或使用化学物质	无意产生或使用化学物质
第六批 2017 (COP8)	十溴二苯醚[9] (DecaBDE) 短链氯化石蜡[10] (SCCPs)	六氯-1,3-丁二烯[11] (Hexachloro-1,3-butadiene)

注：

1. 附件A中的多氯联苯，指使用中含多氯联苯设备，如变压器、容器或含液体存积量的其他容器等，由于无法立即禁用，规定2025年之前在符合不泄漏的条件下允许继续使用；附件C中的多氯联苯，指无意中产生多氯联苯物质，如废弃物焚烧、掩埋场焚烧。

2. 为防范疟疾传播，允许用于防疫。

3. 主要为焚化炉燃烧及工业生产过程所生成的有害物质，无法完全禁止，故要求尽最大努力减少排放。

4. 可豁免用于控制头虱及治疗疥疮。

5. 准许回收用途，并允许使用可能含六溴二苯醚和七溴二苯醚、四溴二苯醚和五溴二苯醚的回收材料所生产的物品（如泡沫或塑料产品），但回收和最终处理应采取无害环境方式进行。豁免期限有效期最长到2030年。

6. "可接受用途"包括照相显影、灭火泡沫、切叶蚁饵剂；"例外豁免"包括金属电镀、皮革和服饰、纺织品和室内装饰、造纸和包装，以及橡胶与塑料。

7. 对部分特定作物（包括棉花、咖啡、茶叶、烟草、四季豆、番茄、洋葱、马铃薯、苹果、芒果、水稻、小麦、辣椒、玉米、黄麻等）之虫害给予生产及使用豁免。

8. 对建筑物中的发泡聚苯乙烯（EPS）及压出发泡成型聚苯乙烯（XPS）的生产与使用提供特定豁免。

9. 十溴二苯醚纳入公约附件A管理，并对生产和用于交通运输工具元件、飞机、阻燃材质的纺织品（衣服及玩具除外）、塑料外壳以及家用加热电器的添加剂及建筑隔热的聚氨酯泡沫给予特定豁免。

10. 短链氯化石蜡纳入公约附件A管理，并对生产和用于天然及合成橡胶输送带产业、矿业及林业橡胶输送带备品、皮革、润滑油添加剂、室外装饰灯管及灯泡、防水和防火涂料、黏合剂、金属处理及增塑剂（玩具和儿童用品除外）给予特定豁免。

11. 六氯-1,3-丁二烯已于2015年COP7决议纳入公约附件A（禁止、消除）列管，于2017年又纳入附件C（减少无意排放）管理。

资料来源：http://pops.epa.gov.tw/

◆ ◆ ◆

（台湾地区）化妆品全面禁用雌激素

针对一般及药用化妆品（含洗发水、沐浴乳和面霜、抗痘产品等清洁用品及护肤品）中添加雌激素成分，为避免民众长期接触后干扰内分泌，以及排放后可能对环境造成潜在影响，自2016年2月19日起，公告化妆品中禁止使用雌二醇（Estradiol）、雌酮（Estrone）及乙炔雌二醇（Ethinyl estradiol）成分，凡含有此类雌激素成分的化妆品均禁止输入及制造。

同时，原已取得含上述雌激素成分的含药化妆品许可证并于市面上流通的产品，应加速市售品下架回收，自5月1日起禁止贩卖、供应，违者将依违反《化妆品卫生管理条例》处以刑罚、拘役或罚金，并销毁没收妨害卫生的物品。

据查台湾地区"卫福部食药署"已发出含有雌激素化妆品许可证241件，所涵盖品项达数百种，其中如萌发566洗发水（脆弱稀疏发专用）、依必朗养发洗发水和资生堂面疱洗面皂等知名产品都含有雌激素类的成分。因此，消费者在选购美容、护肤产品或清洁用品时，应详细阅读产品内容物标示，或到台湾地区"食药署"网站"西药、医疗器材、含药化妆品许可证查询"页面查询所挑选产品是否含有雌激素成分。

民间团体的努力

虽然联合国和世界卫生组织都正在努力研究解决EDCs的大问题，但要等到政府立法进行管制需要极长的时间，因为通过前述层级法架构收集到的数据，虽然可以协助确认和鉴定哪些物质可能对生物造成伤害，但仍要耗费长时间去整合和解释所有风险数据及资料，才能进行危险评估；接着花更长时间和更多资源，研究评估有多少野生动物和人群可能暴露或接触到此类化学物质；最后还要整合所有的化学物质危害性资料，以及相关动物和人的短、中、长时间暴露资料，进行风险评估后，才得以开始考虑最佳的立法管制工作。

看到这里，您是否也跟作者一样，想起"遥遥无期"四个字？

欧洲、美国有很多环保团体及关注消费者安全、儿童和孕妇的民间团体，认为现在已经有足够的科学数据支持政府立法，去除内分泌干扰物以保护社会大众，如果等到完成冗长的风险评估才行动，等于是在慢性毒害市民的健康。

台湾地区其实也有不少民间组织在积极科普民众有关环境激素的知识与潜在的健康威胁，其中主妇联盟环境保护基金会就提出不少女性与EDCs相关的探讨和解析；绿色和平组织（Greenpeace）在香港地区的分支每年都会列出产品中使用已知内分泌干扰成分的品牌和制造商，提供给市民大众参考，而且每次公布都成为新闻头条。

欧洲民间的革命——泛欧联盟运动

欧洲各国环境保护团体虽然通常各自为政，但是在环境激素议题上却表现得十分团结。2013年3月，超过31个欧洲最有影响力的民间非政府组织（部分机构见下图）联合发起"泛欧联盟运动"（EDC Free Europe），目的在于提高人们对环境激素的认识，督促欧盟及各国政府加快相关的立法程序。整个运动的合作伙伴包括多个商会、消费者委员会、公共健康专家、著名预防癌症协会、环境保护人士和女性健康关注组织等。

由于科学家通过多年动物测试结果发现内分泌干扰物的巨大负面健康影响，也意识到这些化学品被大量使用在许多消费产品中，工作地、学校、家中，几乎衣食住行都有EDCs的存在，每天潜伏在身边毒害你和我以及我们的下一代。这个泛欧联盟运动期望迫使政府修正目前食品和消费产品安全的法律，以降低民众每天接触那些我们了解不多、但是具有潜在问题的环境激素的机会。

联盟原本认为2013年应该是欧盟政府对管制EDCs使用策略雄心勃勃的一年，但可惜由于前文所指出的问题复杂性，使得欧盟一直在立法议题上押后表决。很多支持欧盟EDCs修订策略的科学家都认为，一次又一次的押后行动只是不断错失预防慢性疾病的机会，以及浪费更多医疗资源，欧盟委员会已经获得充足的科学研究数据，应该尽快公布修订策略，确保所有的内分泌干扰物最终能被更安全的替代品取代。

丹麦消费者委员会亲自出手检验市面上的产品

2009年11月，丹麦消费者委员会开始提倡禁止任何内分泌干扰物被使用于日常消费物品，此行动直到目前仍在进行；2011年7月和11月，瑞士和挪威消费者委员会也跟进发起类似行动。如今这项行动已经蔓延到整个欧盟。

事实上，市面上许多产品成分都不需含有EDCs来发挥产品功效，这些干扰物不必要地被添加到产品中。在已确认的几百种EDCs名单内，有17种（下表）经过一个或更多的动物研究显示出内分泌干扰效应，被欧洲委员会列入最危险的第一类（Category 1, Substances of Very High Concern）名单，而且存在于一些市售化妆品和个人护理产品。现在，立即用你的智能手机拍下名单，下一次购物时记得带着它！

■ **列入欧洲第一类危险名单的17种内分泌干扰物**

化学名称（中文）	常见产品	用途	内分泌干扰影响
3-亚苄基樟脑（3-Benzylidene Camphor 或 3BC）	防晒霜，抗皱护肤品	UV过滤	类雌激素

续表

化学名称（中文）	常见产品	用途	内分泌干扰影响
4,4'-二羟基二苯甲酮（4,4'-Dihydroxy-Benzophenone）	防晒霜，抗皱护肤品	UV过滤	类雌激素
二羟基联苯（4,4'-Dihydroxy-Biphenyl 或 Dihydroxybiphenyl）	一般化妆品	漂白、稳定剂	类雌激素
4-甲基亚苄基樟脑（4-Methylbenzylidene Camphor 或 4-MBC）	防晒霜，抗皱护肤品	UV-B过滤	类雌激素
二苯基甲酮-1（Benzophenone-1）	防晒霜，抗皱护肤品	UV过滤	类雌激素
二苯基甲酮-2（Benzophenone-2）	防晒霜，抗皱护肤品	UV过滤	类雌激素
丁基羟基苯甲醚（BHA or tert. Butylhydroxyanisol）	一般化妆品	抗氧化剂、防腐剂	类雌激素
硼酸（Boric Acid）	一般化妆品	抗菌剂	类雌激素
尼泊金丁酯（Butylparaben）	一般化妆品	抗菌剂、防腐剂	类雌激素、甲状腺激素
硅氧烷（Cyclotetrasiloxane）	一般化妆品	头发和皮肤润滑剂	类雌激素
邻苯二甲酸二乙酯（Diethyl phthalate 或 DEP）	一般化妆品	塑化剂、有机溶剂、香料	类雌激素、甲状腺激素
甲氧基肉桂酸辛酯（Ethylhexyl methoxycinnamate or Octyl methoxycinnamate 或 OMC）	防晒霜，抗皱护肤品	UV-B过滤	类雌激素
尼泊金乙酯（Ethylparaben）	一般化妆品	防腐防霉剂	类雌激素
羟基肉桂酸（Hydroxycinnamic Acid）	一般化妆品	皮肤润滑剂	类雌激素
尼泊金甲酯（Methylparaben）	一般化妆品	防腐防霉剂	类雌激素
尼泊金丙酯（Propylparaben）	一般化妆品	防腐防霉剂	类雌激素
间苯二酚（Resorcinol）	一般化妆品、染发剂	防腐剂、消毒剂、杀菌剂、抗头皮屑、治疗痤疮（粉刺）、染发稳定剂	类甲状腺激素

丹麦消费者委员会在列出17种危险EDCs之后，并没有放慢动作，而是更进一步把行动升级，检查市场上1200余项日用产品（约100个不同品牌和制造商，见下两表），写信询问这些公司打算何时停止使用那些化学物。

结果非常令人振奋，其中63家具有社会责任的企业承诺，将于2012年开始分阶段淘汰，或者不再使用欧盟危险清单上所列的17种EDCs，名单中不乏我们熟悉的品牌，如IKEA（宜家）和Jurlique（茱莉蔻）。

■ **承诺停用EDCs的品牌**

商标名称	销售于		商标名称	销售于	
	台湾	香港		台湾	香港
Actavis 阿特维斯	☑	☑	Irmas	X	X
Alices hudplejeprodukter	X	X	KIBIO 奇碧欧	☑	X
Alison	X	X	Jeune	X	X
Aloe Vera Group	X	X	Jurlique 茱莉蔻	☑	☑
Alva	X	X	Logona 诺格娜	☑	☑
Amala Beauty	X	X	Luksus Aloe Vera (Alison)	X	X
Apotekets Solserie	X	X	Mádara	X	☑
Apotekets Hudpleje	X	X	Marinello Cosmetics	X	X
Apotekets Babypleje	X	X	Olive (Alison)	X	X
Australian Bodycare	X	X	Organic Apoteke	X	X
Badeanstalten	X	X	Plaisir	X	X
Balance Me	X	X	Primavera Life	X	X
BIOselect	X	X	REMA 1000 (Organic Circle)	X	X
Botanical Extracts	X	X	REN	☑	☑
Careful	X	X	Rudolph Care	X	X
Cerudan	X	X	Saltskrub	X	X
Cattier Paris	X	X	Sanex	X	X
Cliniderm	☑	X	Santé 倩庭	X	☑
COOP (only own products)	X	X	Signify Me	X	X
Cowshed 牛舍	☑	☑	Suki skin care	☑	X
Dansk Kosmetik Salg	X	X	The Organic Pharmacy	X	☑
Derma e 德玛依	☑	☑	Tusindfryd (Irma)	X	X

续表

商标名称	销售于 台湾	销售于 香港	商标名称	销售于 台湾	销售于 香港
Dr. Hauschka 德国世家	☑	☑	Tønnesen	X	X
Estelle & Thild	X	☑	Urtekram 亚缇克兰	☑	☑
Florascent Parfume	X	X	UVBIO	X	X
Green & Passion	X	X	Weleda 维蕾德	☑	☑
Green & Passion	X	X	Youngblood	X	X
Honoré des Prés Parfume	X	X	Zenz Organic Products	X	X
HH Simonsen	X	X	Zinobel	X	X
IKEA (skincare products)	X	X			

■ **仍然使用17种危险EDCs的品牌**

商标名称	销售于 台湾	销售于 香港	商标名称	销售于 台湾	销售于 香港
Astellass Pharma 安斯泰来	☑	☑	Maybelline (Via L' Oréal) 美宝莲	☑	☑
Biotherm (Via L' Oréal) 碧欧泉	☑	☑	Molton Brown	☑	☑
Faaborg	X	X	Ole Henriksen	☑	X
Garnier (Via L' Oréal) 卡尼尔	☑	☑	Oriflame 欧瑞莲	X	X
GlaxoSmithKline 葛兰素史克	☑	☑	Piz Buin	X	X
Helena Rubinstein (L' Oréal) 赫莲娜	X	☑	Reckitt Benckiser 利洁时	☑	☑
H&M (cosmetics)	X	X	Redken (Via L' Oréal) 列德肯	☑	X
Huggies 好奇	☑	☑	Revelon 露华浓	☑	☑
Kérastase (Via L' Oréal) 卡诗	☑	☑	Schwarzkopf 施华蔻	☑	☑
Kiehl's (Via L' Oréal) 科颜氏	☑	☑	Simple	X	☑
Lancôme (Via L' Oréal) 兰蔻	☑	☑	The Body Shop	☑	☑

续表

商标名称	销售于		商标名称	销售于	
	台湾	香港		台湾	香港
La Roche-Posay (Via L' Oréal) 理肤泉	☑	☑	Veet 薇婷	☑	☑
L' Oréal 欧莱雅	☑	☑	Vichy (Via L' Oréal) 薇姿	☑	☑
Lush 岚舒	☑	☑	WE-HA	X	X
Matrix (Via L' Oréal)	☑	☑	Yves Saint Laurent (Via L' Oréal) 圣罗兰	☑	☑

德国环保组织按第一类危险名单检测6万件产品使用的化学成分

内分泌干扰化学物为功能上模仿人体内天然激素的物质，有越来越多科学研究将这些人工合成物质与精子质量下降、生殖器官畸形，以及和激素相关的乳腺癌、前列腺癌和睾丸癌、肥胖或女孩性早熟等近几十年全球普遍存在的健康问题相关联。这些物质尤其对子宫内胎儿、婴儿和青春期孩子的健康发展造成严重的干扰。

2013年，隶属国际地球之友（Friends of the Earth）组织的环保团体德国环境与自然保护联盟（Der Bund für Umwelt und Naturschutz Deutschland, BUND）依列入欧盟已知激素活性化学物质清单的最危险第一类名单（Category 1, Substances of Very High Concern）内16种内分泌干扰物（当中15种为雌激素干扰素），对市面上45个品牌、超过6万件护肤和美容产品进行成分筛查（下表）。

■ **德国环境与自然保护联盟检测市售含内分泌干扰物的美容护理产品**

化学名称(中文)	内含化学物产品数量
尼泊金甲酯（Methylparaben）	15064
尼泊金丙酯（Propylparaben）	11335
尼泊金乙酯（Ethylparaben）	7357
尼泊金丁酯（Butylparaben）	6203
甲氧基肉桂酸辛酯（Ethylhexyl methoxycinnamate）（OMC）	2677
丁基羟基苯甲醚（Butylhydroxyaniso, BHA）	338

续表

化学名称(中文)	内含化学物产品数量
间苯二酚（Resorcinol）	276
二苯基甲酮-1（Benzophenone-1）	260
硅氧烷(Cyclotetrasiloxane)	104
二苯基甲酮-2（Benzophenone-2）	91
4-甲基亚苄基樟脑（4-Methylbenzylidene camphor）	82
硼酸（Boric acid）	64
邻苯二甲酸二乙酯（Diethyl phthalate）	43
羟基肉桂酸（Hydroxycinnamic acid）	11
3-亚苄基樟脑（3-Benzylidene Camphor, 3BC）	7
二羟基联苯（Dihydroxybiphenyl）	0

结果发现有五分之一产品含一种以上的内分泌干扰物，几乎三分之一（约2万件）产品含有至少一种促进激素活性的化学物质。两大美妆品牌法国欧莱雅（L'Oreal）及德国拜尔斯道夫［Beiersdorf，旗下知名品牌如妮维雅（NIVEA）］受EDCs污染的产品比例分别为45%和46%；而有7家公司共9个品牌1894个产品未检出受到表列16种内分泌干扰物污染。

此次评估发现防腐防霉剂尼泊金甲酯（Methylparaben）为使用最广泛的内分泌干扰物，存在于近四分之一的产品中。而除了防晒霜过滤紫外线（UV filter）成分是造成EDCs污染的原因之外，其他产品如沐浴乳、剃须膏、发胶、唇膏、护手霜、身体乳和牙膏等，也都列入受污染的产品项目。

■ 欧莱雅及拜尔斯道夫对德国环境与自然保护联盟的研究分析结果反应不一

从2009年和2010年开始，全球最大护肤化妆品巨头法国欧莱雅公司已在其《年度永续发展报告书》（Sustainable Development Report）中向所有顾客宣布，计划从现有产品中逐步停用内分泌干扰物，包括所有新研发产品在进入市场前已确保不含EDCs成分。

虽然法国欧莱雅公司并未列出具体的完成时间表，此举也不代表欧莱雅现有产品在EDCs的把关上比其他品牌好，因为从开始研发到变成实际货架上的产品需要耗费许多时间，但至少他们已投入不少资源在内分泌干扰物生物测试技术上，并且公开对大众的担心做出正面和实质的回应。

相反地，同样不少产品受到EDCs污染的妮维雅（NIVEA）母公司，国际知名护肤产品机构之一的德国拜尔斯道夫（Beiersdorf），即使收到超过8万名消费者的联合签名，仍无视消费者要求，特别是很多妈妈宝宝爱用的"Happy Time"（幸福时光）系列产品，制造商坚称产品符合所有法规要求，狠狠给了所有消费者一记耳光。这也表示，消费者必须用实际行动保护自己，例如罢买相关产品，清楚告知商家我们的选择！

■ 化妆品EDCs免费查询——网页搜索和手机应用程序ToxFox

德国环境与自然保护联盟（BUND）为了方便德国消费者选择不含16种促进激素活性化学物质的产品，进一步利用前述6万件产品的大型研究数据开发了手机应用程序"ToxFox"，2016年初更加入儿童玩具产品一栏，特别针对前文提及的塑化剂污染问题，使资料库数据扩充至8万件。

短短两年多时间，已有高达100万个用户通过iPhone或Android手机免费下载APP。其用法非常简单，只要在购物时按一下APP，用手机上的镜头扫描产品包装条码（Barcode），或者手动输入任何包装上的条码或关键字搜索，几秒钟内屏幕就会显示查询产品是否含有EDCs物质——出现绿色心形图案代表安全，红色三角形感叹号表示产品受到EDCs污染。

作者曾有机会跟ToxFox程序开发机构交流，他们也坦言，现今用于美妆护肤品的物质超过万种，ToxFox不可能有资源研究所有化学品，因此初步只能把重点放在已知的内分泌干扰物，特别是受到批评最烈的类雌激素。如果扫描的产品是数据库内受污

ToxFox手机应用程序界面，用手机上的镜头扫描产品包装条码，屏幕就会显示查询产品是否含有EDCs物质。

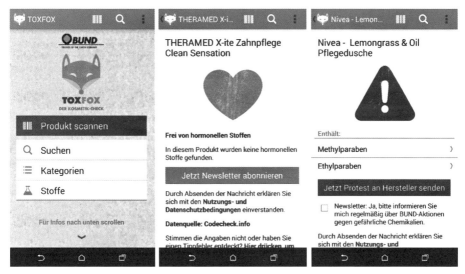

ToxFox手机应用程序界面，扫描条码或手动输入包装上的条码、关键字搜索之后，屏幕会显示查询产品是否含有EDCs物质——出现红色三角形感叹号表示产品受到EDCs污染，绿色心形图案代表安全。

染名单之一，该产品的生产商将马上收到用户程序送出要求清除使用EDCs物质的信息，这是推动产品安全非常有力的市场策略，但也只是第一步。

　　先不讨论并非所有国家都有法规要求生产商必须在包装上明确列出产品使用成分（香港地区和美国就没有规定），无法用德国环境与自然保护联盟的方法作成分对照，单考虑16种内分泌干扰物只是问题的冰山一角，其他未知、含有EDCs功能的化学成分还有很多，不含那16种并不代表产品没有激素活性，如果能在原有数据中结合激素定性生物测试[7]的结果，无疑将提升扫描结果的可参考性，但前提是需要有足够资金配合。

　　初期使用者反馈给ToxFox的意见包括：如果扫描条码不在现有数据库内，程序应记录有关产品，按其出现频率作为日后纳入数据库的优先考虑；现在更开放来自瑞士Codecheck.info的数据源平台，鼓励消费者积极参与，

7　所谓的定性生物测试就是把产品成分放在生物体中测试的真实反应，生物体可以是较低等的，例如单细胞；又或者是较高等的动物，例如鱼类或哺乳类动物，当然用于人体代表性最强，但做人体测试也是最昂贵的实验，一般只会用于药物研发。

导入检举人制度，用户可提出证据，经审核后将被检举产品纳入数据库，使ToxFox的数据库可以随时更新、扩充。

　　虽然ToxFox已经涵盖超过八万件产品的数据，而且产品条码全球统一，但由于产品来源和操作说明集中于德语国家版本（德国、奥地利和瑞士），对其他非德语国家如英语国家或亚洲的用户是非常可惜的。

　　想试用吗？请以关键字搜寻"ToxFox"免费下载APP，或在超市、药妆店使用移动设备访问网址：https://goo.gl/rUW2k

化妆品EDCs免费查询APP "ToxFox"
使用Q&A

问： 假如发现使用数据库内受EDCs污染产品已经有一段时间，我的健康会出现大问题吗？

答： 一般而言，除了孕妇、孩子和部分有家族癌症病史的人会特别敏感之外，成年人使用单一受污染产品不等于会马上致病，但仍应立即停用那些产品，以减少接触含激素活性的化学物质。

问： 如何处理未开封或已开封使用过的受污染产品？

答： 几乎所有大品牌都设有客户服务中心，建议送回未开封的受污染产品，并清楚告知送回原因和您的担忧；如果是开封使用过的产品，千万不要直接倒入家中下水道，因为一般污水处理厂不能过滤EDCs，最终还是会排入河流污染自然环境，所以最环保的方法是把产品放进印有"Biohazard Waste（生物危害废物）"字样的袋子，在垃圾分类时特别处理。

问： 如果这些物质真的对人体有害，为什么政府不禁止呢？

答： 从科学研究到政府立法所需要的时间相当长，以"全球变暖"危机为例，从科学发现到产生共识，以至于各国开展实质性的立法工作，都是以十年为单位，幸好有不少国家和组织身先士卒，积极宣传并推动禁止EDCs的立法。例如丹麦和美国的加利福尼亚州，都早于欧盟和联邦政府针对EDCs进行立法，特别是适用于3岁以下儿童的所有产品；目前欧盟也正在就欧洲整个层面修订内分泌干扰物的战略处理。

同时，来自欧洲各地约30个极具分量的民间团体公开要求，呼吁决策者在欧盟层面建立具有特定目标的时间表（尤其是2015年修订的化妆品法规），立法取缔所有含激素活性物质，以确保激素活性的化学物质不再使用于日常用品。在等待禁令下达之前，一些知名的个人护理产品制造商如L'Oreal、P&G及J&J也已经采取不同程度的举动，对外宣布分阶段停用含EDCs的成分，积极研发更安全的替代品，只是亚洲消费者未必知道这些大事。

问：在ToxFox出现绿色心形图案的产品就代表安全，完全不含有害的内分泌干扰物吗？

答：对不起，暂时没有人能百分之百保证。由于尚未全面了解所有潜在EDCs和它们的"鸡尾酒效应"，避开16种已知激素活性的物质只是迈向更安全产品的一个开端，在等待立法和制造商完全自律之前，通过消费者的力量加快政府和商家提高产品整体EDCs安全性。

"THINK DIRTY"为看不懂美妆产品成分的消费者健康把关

继流行德语系国家的"ToxFox"之后，另一追踪美容产品内潜藏有害化学物质的手机APP在北美推出！

这款名为"THINK DIRTY"的手机APP是由加拿大籍华人Lily Tse于2013年开发上架，同样希望通过简单、容易操作的应用程序帮助消费者选购安全的产品。

Lily的创业源于她妈妈本身是乳腺癌患者，在她搜索有关乳腺癌的资料时偶然发现，许多护肤、化妆品中添加的化学物质可能跟癌症有莫大关系，但商家却没有披露在产品中使用的不健康化学成分，加上法规不完善的标识监管，使消费者很难了解自己到底花钱买了些什么？

　　"THINK DIRTY"就是帮助消费者提高购买产品透明度的应用程序。它一开始只支持苹果iOS系统，但现在也提供Android版本，产品数据主要来自北美和欧洲。有用户下载后到药妆店试用，发现不少上架产品找不到相关评价，显示其数据库还有很大的扩充空间，期待未来能尽快推出中文版，造福广大华人地区消费者。

　　作者非常欣赏Lily能将美丽设计结合大众科技，帮助消费者更了解他们所用化妆品和个人护理产品的成分，做出明智的购买决定。她的创业理念同时赢得Toronto Digifest 2012大奖和投资者的肯定，而在读过她的故事和公司发展目标后，发现她和我具有许多共同的价值观，也希望不久的将来我们能一起合作，做更多对社会有积极影响的事。

第3章 EDCs对生理健康的影响

自20世纪70年代以来，全球癌症病例数量每年都在增加，虽然早期检测和治疗方法的进步已经降低癌症死亡率，但总是预防胜于治疗，很自然地我们会在预防上投入更多精力，并且思考：可以做些什么来改善癌症病例持续增加的情况？

乳腺癌

首先我们来看看下列乳腺癌相关统计数字：

在欧洲，现在大约每10名妇女就有一位罹患乳腺癌，比例逐年升高。

在香港地区，近年每年有超过3000例乳腺癌新增病例，是20年前的3倍。

在台湾地区，15年来女性乳腺癌发生率增长了一倍，连续九年高居女性癌症首位。

> **为什么医疗不断进步，**
> **乳腺癌患者不降反升，而且趋于年轻化？**

英国乳腺癌基金会主席Clare Dimmer问了同一问题，并且坚定认为**罪魁祸首正是EDCs**！我们不能防止由遗传因素引起的乳腺癌，但我们绝对可以通过使妇女了解内分泌干扰物，降低她们罹患乳腺癌的风险。

作为欧洲消除EDCs最有影响力的非政府组织联盟成员之一，英国乳腺癌基金会呼吁全英国人民参与支持立法消除EDCs存在于环境和消费品的运动，以减少日常生活接触到致癌物质和危险化学品的机会。但英国有很多化工企业反对乳腺癌基金会这项行动，理由不外乎需要更多研究和数据，对此Clare精妙地回应了一句名言："Enough is enough.（我受够了）"。

本身是乳腺癌康复者的Clare经历过病魔折磨的痛苦，懒得理会那些争论。她认为现在的科学研究，特别是通过动物测试，已足够证明内分泌干扰物与许多癌症密切相关，持续的观望和等待，直到多年后才建立起广泛的EDCs科学共识和冗长的立法征询工作，等于拒绝预防原则[8]。

我个人非常同意，也认为应该把重点放在即时预防，而2013年联合国研究报告也承认"已发现的问题只是冰山一角"，情况显然令人担心。

EDCs、雌激素和乳房的关系

当女性进入青春期，乳房发育是由体内雌激素的刺激开始。乳房有双重的生活目的，给予性快感和供应母乳哺喂初生婴儿。

雌激素与乳腺癌关系密切。它刺激乳腺细胞的分裂，同时使DNA受损机会增加，并提高罹患乳腺癌的风险。由于雌激素的刺激，乳腺癌的突变和受损细胞会越来越失控，最终导致乳腺癌。

增加乳腺癌风险的已知因素

目前有各种各样的科学理论推断什么因素会增加妇女罹患乳腺癌风险。在英国等发达国家，**据估计，26.8％的乳腺癌患者可归因于生活方式，如饮酒、吸烟、肥胖、职业（如医事放射师），以及外源激素如服用避孕药、接受激素替代疗法（Hormone Replacement Therapy, HRT）。**

毫无疑问地，大家都相信也同意那些有乳腺癌家族性或遗传性因素的人一定有较高风险。但事实上，只有5%～10%的乳腺癌病例是源于家族性或遗传性（BRCA1或BRCA2基因）因素。这个比例是否比各位读者想象得低

---

8 预防原则（Vorsorgeprinzip）是由国际环境法发展出的一种先于危险发生前的保护思考。当有活动或政策对公众及环境可能带来损害威胁时，社会应通过认真的提前规划，采取必要的抑制或保护措施，阻止潜在的有害行为，避免环境遭到破坏，不得以缺乏充分的科学证据为由，推迟符合成本效益的预防性措施。

呢？重点是其他大部分的高危因素又是什么？

依统计数据显示，乳腺癌发病率最高的是发达国家。定居西方发达国家的新移民，例如中国女性定居美国之后，和她们所居住的国家人口相比，大致拥有同样的乳腺癌发病率风险，这表示**发达国家和工业化国家的环境和生活方式才是罹患乳腺癌的风险关键**。

雌激素浓度高低和乳腺癌的关系

另一已知提高乳腺癌风险的因素是体内女性激素的浓度，身体内的雌激素升高会增加乳腺癌发病风险。

雌激素本来是由身体内部自然产生和调节，但过去数十年间，现代生活却使我们暴露于外源性雌激素的机会大大增加，例如通过避孕药和激素替代疗法，或用于化学品和塑料材料的合成雌激素。

乳腺癌的高危因素涉及多方面，外国的科学研究发现，前述生活方式的因素，如增加饮酒量和肥胖，与身体内雌激素升高、雄激素下降相关。研究显示，每天饮酒超过两杯的妇女体内雌激素浓度会升高，而缺乏运动导致身体质量指数（Body Mass Index, BMI）超标，也被认为与雌激素浓度升高有关。

因此，**即使是一些最广为人知的乳腺癌风险因素，都与雌激素在体内浓度升高有关**，仅26.8%的乳腺癌病例有明确归属的原因，加上很多病例都发生在那些不被认为是高风险的人群，由此可推论有些罹患癌症的危险因素一直被忽略或未被发现，而外源性EDCs是最可疑的风险。

乳腺癌是一种与激素息息相关的癌症，体内雌激素过高会增加罹患乳腺癌的风险，上述关联受到国际公认。据英国癌症研究指出：雌激素有助于某些类型的乳腺癌通过促进细胞分裂和增殖，从而使癌细胞生长，所以他莫昔芬[9]（Tamoxifen）用于乳腺癌靶治疗，作为激素治疗药物已超过20年。这项

9　他莫昔芬（Tamoxifen），属于非类固醇的抗雌激素药物，其作用机制是与雌激素受体结合，抑制内源性雌激素作用，以控制癌细胞的生长。

研究中也发现，接受过激素替代疗法（HRT）的妇女乳腺癌发病率较高。

2003年发表在*BMJ Journal Evidence-Based Medicine*医学杂志的研究结果指出：接受激素治疗（Hormone Therapy）服用雌激素如黄体酮（Progesterone）的女性，罹患浸润性乳腺癌[10]（Invasive breast cancer）的风险高于那些只接受安慰剂的妇女，而且肿瘤较大，经乳房X光检查结果异常比例也较高。请记得，激素治疗所用人造激素的雌激素干扰功能，本质上跟双酚A这类来自环境的类雌激素无异！

医药界人士或许会反驳前述的科学数据，因为这些研究大部分都不是在人类身上直接而长期进行对照实验，但出于道德和安全的理由，自然不会有正常人愿意当"小白鼠"，所以业界专家一般都会淡化EDCs在啮齿类动物实验的影响。

尽管如此，过去几十年啮齿类动物一直被用于进行新药品一系列的非临床试验，以测定药品安全性及有效性，并且确认化妆品是否能安全地供人类使用。特别是近十年来，无论是在哺乳类动物实验室，还是对癌细胞培养的研究，都支持双酚A等内分泌干扰物是提高乳腺癌发生率重要因素之一。

> **从实际观点来看，现在不管是动物和人类，**
> **都暴露在以前我们认为无关紧要的环境激素当中！**

这些动物实验数据引起大众对内分泌干扰物的重视，意识到EDCs对人类发展有其潜在风险及影响。说到底，以生物学角度，我们人类只是高等动物，既然以同为哺乳类的小鼠和大鼠所做实验已经证明EDCs有害，监管机构看到这些证据就该执行预防原则，禁止或替换这些内分泌干扰物，避免可能伤害人类和动物的正常发展（下表）。

10　浸润性乳腺癌（Invasive breast cancer），指扩散到乳腺小叶膜或乳腺管外进入乳房组织的癌症，以浸润性乳管癌最常见，几乎占了乳腺癌的80%。当乳腺癌细胞被发现在身体其他部位时，就称为"转移性乳腺癌"（metastatic breast cancer）。

■ **乳腺癌的风险因素**

传统公认而我们却无法控制的风险因素	我们可有一定控制的风险因素	最新研究应列入清单的风险因素
• 早发月经初潮（12岁以前） • 晚发性更年期（55岁以后） • 年龄 • 地理位置 • 家族史 • 暴露于辐射 • 一侧乳房得过乳腺癌 • 有良性乳腺疾病纪录 • 母亲怀孕时使用己烯雌酚（DES）	• 饮食 • 饮酒 • 暴露于辐射 • 初次怀孕年龄 • 肥胖 • 口服避孕药 • 使用他莫昔芬（Tamoxifen） • 更年期激素补充 • 母乳喂养史 • 二手香烟	• 因职业或使用受污染的日常用品而暴露于内分泌干扰物 • 长时间暴露于合成及天然雌激素 • 胸部创伤 • 夜间睡眠时暴露于光线压力

乳腺癌和环境因素

我们的身体是由化学物质组成，包括所有一切我们能接触、看到和时刻呼吸的空气。因此，并非所有化学品对人体、环境或野生生物都有害，有许多化学物质本身就存在于我们这个星球上。

但是有相当多科学研究证据显示，乳腺癌和那些环境污染以及日常用品、工作场所使用的EDCs有关。这些化学物质充斥在商店货架上的各种产品，也经常在受污染环境中被发现，包括工业化学品、农药、染料、氯化溶剂、饮用水和消毒剂的副产物、药物和激素，常发现含有二噁英（Dioxins）、呋喃（Furans）、酚类（Phenols）及烷基苯酚（Alkyl phenols）、邻苯二甲酸盐（Phthalates）、苯甲酸酯（Benzoates）、苯乙烯（Styrene）等化学物质。

即使受教育程度高，甚至是化学家，也未必能马上看懂这些化学名词，更不要说是一般消费者。而我们却与这些人造化合物有着密切的关系，不知不觉间把它们收留到体内，在脐带血中可检测到高达280种合成化学品，脂肪组织中甚至多达300种！

在实验室测试中，有250种常用的化学品已被鉴定出能模拟或干扰雌激素。随便取其中一组产品，例如化妆品，都有机会包含已知与乳腺癌、哮喘、过敏和生殖系统紊乱相关的成分，并且可通过人体最大的器官（皮肤）吸收化妆品中的成分。

女性在每天早晨的美容程序中，可以用到多达26种不同的产品。单是欧盟国家的统计数字，在化妆品中使用的成分已经超过5000种，每年销售约50亿件产品给3.8亿名消费者。但长期接触那些化学成分对健康的影响，如累积效应或结合低剂量的风险评估，却都没有确实做过，这些产品便在你我家中出现；作为消费者，我们也不知道有哪些化学成分因被发现对人体健康有不良影响而遭到禁用，这是一个很大的潜在风险。

以之前的塑化剂事件为例：在2003年有DEHP[11]和DBP[12]两种塑化剂因同为类雌激素EDCs，被欧盟列入化妆品禁止使用的化学成分名单，但它们其实已被使用很多年才发现可能会致癌、诱变或具有生殖毒性（下表）。

> 我们正不断暴露于一些从未被告知的风险因素之中，
> 环境因素可能占不明乳腺癌病例的50%～70%！

■ **可能含有邻苯二甲酸酯类物质的常见生活用品**

产品类别	可能含有邻苯二甲酸酯类物质的用品
塑料涂料商品	塑料地板（地垫）、塑料壁纸、管线、电缆、油漆、涂料、防腐蚀油漆涂料、防污油漆涂料、黏合剂

11　邻苯二甲酸二（2-乙基己基）酯[Di（2-ethylhexyl）phthalate, DEHP]，主要用于绝缘电线、电缆、软管、墙壁、屋顶、地板、涂料及人造皮革（包括汽车座椅、家具）、鞋、靴子、雨衣、密封及隔离胶、塑料溶胶（如汽车底漆）、玩具及儿童看护用品（奶嘴、牙咬胶、幼儿挤压玩具、婴儿床护栏等）、医疗用品、橡胶塑化剂、乳胶、黏合剂、密封胶、油墨、颜料、润滑油、油漆、涂料、电容器内电流体的成分及陶瓷等。

12　邻苯二甲酸二丁酯（Dibutyl phthalate, DBP），主要用于软化剂（PVC的塑化剂）、其他黏合剂、软化剂（纸张及包装、木材建筑之结构及汽车业）、纸浆、纸及纸板工业、软化剂（印刷油墨）、软化剂／溶剂（如密封剂、硝酸纤维素涂料、薄膜涂料、玻璃纤维及化妆品）、药物应用等。

续表

产品类别	可能含有邻苯二甲酸酯类物质的用品
电器电子产品	电线、塑料外壳
食品包装	保鲜膜、塑料食品包装
纺织皮革类	汽车产品（座椅、椅套）、塑料布及其制品、人造皮革（家具、鞋、靴子）
玩具 儿童看护用品	玩具、奶嘴、固齿器、幼儿挤压玩具、婴儿床护栏等
化妆品	指甲油、香水、洗发水、发胶、口红、护肤乳液
医疗用品	血袋、手套
塑化剂	邻苯二甲酸酯类物质（原物料）
其他	润滑油、油墨、驱虫剂

同时我也发现，身边原来也有年龄不大的朋友罹患乳腺癌，而且这种趋势正逐渐年轻化。**无论是年轻或年老，特别是那些有家族病史，属于乳腺癌高风险人群的妇女和女孩，了解EDCs可能存在于哪些消费产品非常重要。**由于没有标签或缺乏有用的产品信息，无法辨别产品是否含有EDCs，一般民众根本没有机会做出明智的选择，而坐等政府立法又不知要等到何年何月？

在英国，乳腺癌基金会建议民众给国会议员（Member of Parliament）写信向政府施压；但是我觉得在华人社会中，当务之急是使民众了解EDCs，因为即使如香港或台北这样的国际化都市，一般民众与医疗专业人员，甚至是媒体报道，对EDCs的了解还是很片面，不够普及，而这也是作者撰写出版此书最主要的原因。

健康小锦囊 **这样做，降低罹患乳腺癌风险**

乳腺癌不应该是不可避免的妇科病。我们每个人都有权自由选择在一个健康、没有乳腺癌的环境中生活。统计数据虽然告诉我们，乳腺癌发病率在逐年攀升，但我们还是可以主动做些事情让它缓下速度，除了一些老生常谈的做法，例如多运动、少烟酒之外，还有一些其他建议提供参考：

一、居家或办公环境定期吸尘

灰尘中含有很多由室内物品挥发出来的内分泌干扰物，定期打扫、除尘，可减少暴露于环境中EDCs的机会。

二、避免使用空气清新剂、合成香料除臭剂和止汗剂

多打开窗户让空气流通，少用清新剂、除臭剂和止汗剂，这类产品使用的化学成分及防腐剂（铝系化合物[13]和对羟基苯甲酸酯），很多都是已知的EDCs。如果容易出汗，担心身上传出汗臭味不礼貌，只要带件衣服备用替换即可。

三、少用免洗餐具，外带饮料自备携带式环保杯

高温烹调、储存和微波食品，只选用天然材料（如玻璃、不锈钢）制成的容器，避免使用塑料材质回收辨识码[14]为3、6、7，以聚氯乙烯（PVC）、聚碳酸酯（PC）为材料制成，可能溶出双酚A（BPA）的塑料容器。

 聚氯乙烯（Polyvinylchloride, PVC）。多用于水管、雨衣、书包、建材、塑料膜、塑料盒等非食品用途方面；在容器用途上，通常用来填充植物油、清洁剂、糕饼盒等。耐热温度60～80℃。

 聚苯乙烯（Polystyrene, PS）。分为未发泡和发泡两种：未发泡PS多用于建材、玩具、文具，制成免洗杯、沙拉盒、蛋盒等，或发酵乳品（如养乐多、酸奶等乳酸产品）填充容器。发泡PS（俗称塑料泡沫）则用于包装家电或通讯物品的缓冲包材，以及具隔热效果的冰淇淋盒、鱼箱等，一般称为EPS（Expanded Polystyrene）；制成免洗餐具的塑料泡沫称为PSP（Polystyrene Paper），也有以食品级EPS注模成型的塑料泡沫，如咖啡杯、烧仙草杯等。耐热温度70～90℃。

---

13 止汗剂主要有效成分都含有铝，且通常以铝系化合物出现，主要原理是利用铝分子渗入汗管，使其膨胀而堵塞汗线，达到抑制排汗的目的。铝的浓度越高，止汗效果越好，一般来说，浓度须达15%～20%，效果才会明显，不过高浓度也可能造成残留、刺激或发炎，在动物测试中，高剂量的铝属神经毒物，所以市售止汗剂最高浓度在20%～25%，其中一些常见成分包括氯化羟铝（Aluminum Chlorohydrate）和硅酸铝锌银铵（Aluminum Sliver Zinc Silicate）。

14 "塑料材质回收辨识码"是世界通用的辨识码，符号包含三个顺时针方向的箭头，形成一个循环状的三角形，并将编码包围于其中，分别编上1～7号，代表七类不同的塑料材质，有助教育大众依照回收系统配合分类，并辅助回收与处理工作者进一步细分类与再利用，与材质使用上的安全性与耐热度无关。

其他类（OTHERS），如美耐皿、ABS树脂、聚甲基丙烯酸甲酯（亚克力）、聚碳酸酯（PC）、聚乳酸（PLA）等。

※PLA早期主要用于医学用途，如手术缝合线及骨钉等。目前产品应用范围涵盖塑料杯、冷热杯盘、花束包材包装、衣物纤维等。耐热温度约50℃。

想要拥有健康身体，享受优质生活，需要花些时间和心思来维护，要不然迟会影响健康。以上简单建议，相信你我都做得到！

◆ ◆ ◆

男性生殖健康

男性生殖健康下降与EDCs

你知道现代男性生殖健康正在逐渐恶化吗？科学家相信环境中的化学污染物可能是一个重要因素。

所谓男性生殖健康，可分为男性性功能障碍和男性不育症。世界卫生组织于2012年对内分泌干扰物的研究报告指出，类雌激素有机会严重干扰男性本身的男性激素，致使男性生殖器官短小、精液品质及精子数量下降、睾丸变小等，严重的甚至会导致不育，增加罹患睾丸癌、男性乳腺癌等癌症的机会。

睾丸癌和精子危机

过去四十年，睾丸癌发生率在许多国家大约增加了一倍，相较于那些工业化程度较低的发展中国家，工业化国家的男性罹患睾丸癌比例约高出六倍。此外，男性精子数量和精液品质似乎随着时间迅速劣化，年轻男性的精子数量（不论健康与否）比他们的父辈低了许多。

由英国和法国的数据显示，男性精子数量严重下降。更令人不安的是，研究中也发现，在一些欧洲国家，平均每5位男性便有一位的精子数量太低，导致他们可能会很难生育。

作者身边有不少已婚的朋友，夫妇都30岁左右，却正头疼地面临生育、甚至不育问题。2013年7月，美国《华尔街日报》报道欧洲社会人类生殖和胚胎学协会（European Society of Human Reproduction and Embryology, ESHRE）年会上有关生育领域的讨论，也提到现在年轻人生育能力比他们的上一代低。

甚至有专家发出"精子危机"警报，指出过去十多年，乃至更长时间，男性的精子数量和品质逐年下降。除了因工时长、久坐和吸烟等不良的生活习惯可能导致精子危机之外，会议中也公布最新研究发现：**男婴在母体内或生殖系统发展关键时期，接触到双酚A或塑化剂等低剂量的类雌激素，便足以对生殖系统发育造成永久损害，其后遗症甚至会祸延第二代、第三代**。这些结果也在许多的动物测试中获得证明。

而根据英国《每日邮报》报道，科学家指出男性精子数量下降是一个"严重的公共健康警告"；法国一项研究分析也显示，男性精子数量和品质自1990年便开始急速下降。在1989—2005年，法国男性的精子浓度下降了近三分之一。而另一来自北欧国家的研究发现，在过去15年，18～25岁的健康男性精子数量显著下降（右图）。

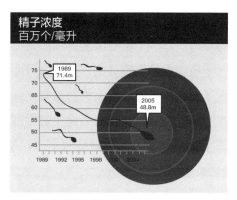

法国男性精子浓度逐年下降（1989—2005年）

从20世纪90年代的研究显示，在过去半个世纪中，男性精子数量减少了一半，约每年减少1%；虽然没有发展中国家的数据，但由于环境污染因素，专家相信状况可能更差。

一般来说，男性每毫升精液中精子数量为2000万～4000万只，检查有超过2000万只精子的男性就被认为生育能力正常，而他们的妻子怀孕概率也更高。但倘若男性每毫升精液精子数低于2000万，医学界称为生育力低下、甚至不育，他们的妻子想要成功受孕，可能需要超过一年的时间。

男婴睾丸未降越来越普遍

睾丸未降（或称隐睾症）与正常内分泌激素受到干扰有关，指的是男婴出生后，双侧或单侧睾丸没有下降到阴囊里的一种畸形状态。在正常情况下，胚胎发育到3个月时，位于腰椎两侧的睾丸会随着胚胎发育逐渐下降；在6~7个月时降至下腹部的腹股沟；九个月时通过腹股沟下降至阴囊。**睾丸没有正常下降的男婴，以后出现低精子数和睾丸癌的风险比正常人高。**

根据统计，这种情况每100个足月出生的男婴会出现2~4个，但现在却有一些国家发生比率高了许多。例如，英国每100个男孩中有9个左右，而丹麦和邻近国家每100个男孩就有6个。

> **究竟内分泌干扰物是如何成为帮凶，**
> **严重影响现代男性生殖健康？**

英国医学研究理事会（Medical Research Council, MRC）生殖健康研究中心教授Richard M. Sharpe和许多科学家都认为，男性生殖器官先天缺陷、精子数量低与睾丸癌，这些统称"睾丸发育不良症候群（TDS）"的情况，可能始于男婴在母体子宫的发育过程，而干扰睾丸激素的化学物质就是罪魁祸首。

当男婴在妈妈的子宫内成长发育时，睾丸从腹腔内往阴囊下降需要合适和合时分量的睾酮（雄性激素／男性激素）。激素干扰物被包含在许多消费类产品中，有针对妇女及其子女的研究显示暴露在这样的"激素干扰物"与这些男婴出生性器官发育缺陷之间的关联。此外，加快睾丸癌发病速率在大多数情况下必须由环境和（或）生活方式因素引起，其中包括接触化学品，而不是遗传因素所造成。

如果不谨慎地选择，有许多日常用品都含有能干扰人体内分泌系统的物质，基本上在我们平常所吃的食物、呼吸的空气中都有它们的踪迹，其中有一些在家里就能轻易找到，如食品罐头内的塑料涂层、化妆品与身体护理产品。可以说，在现代世界，每个人无时无刻都与许多令人担忧的人造化学物质一同生活着。

> 它们不经意地走进并累积在你我的身体，
> 更被发现存在于母体子宫包围婴儿的羊水当中。

健康小锦囊 **男人要型也要行！保卫男性生殖健康**

男婴在妈妈子宫内发育时对化学物质尤其敏感，那些激素干扰物质会对小宝宝产生不可逆转的影响，但它可能不会马上表现出来，直到青春期后才被发现性器官发育不全。因此，每个人都应该尽可能减少接触不必要的化学品，尤其是在准备怀孕和怀孕期间的妇女，更应该好好参考本书所提供EDCs相关资讯，包括书末集结收录的【小鱼亲测报告】，在选购日常用品时加以应用。

◆ ◆ ◆

婴儿性别比例

生女机会大了！

近年来，越来越多的科学证据显示某些化学物质会对野生动物和人类的内分泌系统造成损害。甚至还有统计发现：男性不育的案例在持续增加中；过去30年，美国和日本的男女婴出生数比例反常，相较正常比例诞生男婴数字减少约25万人。科学家们认为这些现象主要和一种会导致"性别逆转"的毒素，或者称为内分泌干扰物的积累有关。

男性雄风拉警报

科学家提出警告：**许多食品、化妆品和清洁产品中发现的化学物质正威胁着男性的生育能力**。

Sharp教授在美国医学研究理事会（US Medical Research Council）时也

说，这些干扰激素的化学品使男婴在母亲子宫里被"女性化"，导致出现雌雄同体（同时拥有男女性征）的情况，或造成日后男性性征不明显、精子数量低以及睾丸癌发生概率上升。

健康小锦囊 **备孕期间减少接触潜在的内分泌干扰物**

内分泌干扰物无处不在，其来源包括各种常见家庭用品、玩具、个人护理产品和化妆品。如果你家里有孩子、正在怀孕或备孕中，这显然是你要注意的一个问题。然而，那么多产品中含有不同类型的内分泌干扰物，想要完全避开它们似乎是一个不可能的任务，但仍然有一些策略可大大降低我们接触内分泌干扰物和其他常见毒素的概率。以下提供一系列切实可行的措施，帮助您在不同场合保护自己和孩子的内分泌系统：（∨建议；×避免）

■ **选择更安全的食物**

1. 多选购食用有机饲料和自由放养（Free-Range）的农畜产品，减少接触农药和化肥。特别适用于牛奶，这是经常被牛生长激素、雌激素和黄体素污染的产品。

2. 美国权威食品安全监测机构环境工作组（Environmental Working Group, EWG）建议，最好选择农药残留量相对较少的CLEAN FIFTEENTM蔬果（官网每年会更新名单），而在食用以下14种Dirty Dozen Plus™蔬果时，尽量选用有机产品，因它们通常含有较多内分泌干扰物、残留农药和基因改造（Genetically modified organism, GMO）成分。

∨

* Dirty Dozen Plus™（含较多内分泌干扰物、残留农药及基因改造成分的蔬果）		
苹果Apples	菠菜Spinach	樱桃番茄Cherry tomatoes
葡萄Grapes	黄瓜Cucumbers	油桃Nectarines - imported
芹菜Celery	马铃薯Potatoes	草莓Strawberries
桃子Peaches	辣椒Hot peppers	羽衣甘蓝叶Kale/collard greens
甜椒Sweet bell peppers		西葫芦Summer squash

续表

★ CLEAN FIFTEEN（较为干净安全的蔬果）		
猕猴桃Kiwi	芦笋Asparagus	哈密瓜Cantaloupe
芒果Mangos	鳄梨Avocados	带皮甜玉米Sweet Corn
洋葱Onions	包心菜Cabbage	葡萄柚Grapefruit
木瓜Papayas	菠萝Pineapples	红薯Sweet potatoes
蘑菇Mushrooms	茄子Eggplant	甜豌豆-急冻Sweet peas - frozen

✕   3. 避免吃加工食品，包括各种人工甜味剂、味精和食品添加剂。

4. 如果你已经是孕妇，大型深海鱼的摄取量以每星期100克为上限。

■ 布置一个健康的家

5. 居家装修时，尽可能选用环保、较低毒素的产品取代普通油漆和乙烯基（Vinyl）地板漆。

6. 在家中所有水龙头（即使只用于淋浴或泡澡）上安装适当的过滤器。

∨   7. 使用天然清洁产品，在一般有机食品商店就可以买到，或是通过网络线上购买。

8. 尽量选用无香味的浴室个人清洁用品，如果经济情况允许，最好挑选有机品牌的卫浴用品，包括洗发水、牙膏和化妆品。

9. 避免使用乙烯基制成的浴帘。

10. 避免使用带有软质PVC物料的产品，因其可能含有毒塑化剂。同时也建议选用玻璃容器储存食物，因为它是最惰性的容器，且不含有毒塑化剂。

✕   11. 避免选用经抗菌处理的日用品，如衣物或家具（但不包括一次性用品和医疗用品）。

12. 避免购买新的家具和塑料味道重的电子用品。

13. 不要购买聚四氟乙烯（Teflon）平底锅或戈尔特斯（Gore-Tex）面料服装。

■ 养成良好的生活习惯

14. 新衣服和寝具在使用前要先清洗。

∨   15. 每星期最少进行一次吸尘或除尘。因摆放在家中的许多物品都会释放出内分泌干扰物，它们最终可能会通过空气和灰尘被我们吸入体内。当然，我们更应小心避免吸入二手烟。

16. 每天至少两次打开门或窗约5分钟让空气全面流通。

> 17. 避免使用染发剂。
>
> ✕ 18. 避免使用香水、人工芳香剂、衣物柔软剂或止汗剂等合成香料产品。
>
> 19. 怀孕期间尽可能远离药物，必要时须先向医生咨询，才能使用药物和食品补充剂。这也适用于任何非处方药和替代药物。

◆ ◆ ◆

性早熟

现在孩子们越来越"性早熟"，与EDCs有关吗？

不过还真的有美国学者在研究，随着电视和电影越来越普及，性文化是如何影响儿童体内的激素，以及与孩子进入青春期早、晚的关系，只是至今还没发现什么具体证据，更遑论提出定论。但科学家对于环境因素，尤其是EDCs对儿童性早熟的研究，却表明了一些重要关联：

◀ **如今西方的孩子**
经历青春期都早于前几代的人。 ▶

研究人员首先注意到，青春期提前现象始于20世纪90年代后期，而近年的研究也进一步证实这神秘的公共卫生趋势已经形成。虽然全部原因还不是很清楚，但许多科学家认为小孩子从日常用品广泛接触人工合成化学物质，至少是部分最可能的原因，尤其是EDCs。

女孩月经初潮平均年龄下降

2001年已经有荷兰的研究发现，大部分欧洲主要国家（例如，瑞典、英国、瑞士和德国）的女孩都比她们的母亲提前发生月经初期，并且进入青春期。2012年美国疾病预防控制中心（Centers for Disease Control and Prevention, CDC）研究员Danielle Buttke博士的分析发现，高度暴露于日用化学品环境中的美国女孩与低度暴露的群体比较，她们第一次的月经提前了

7个月。Buttke博士同时指出，相较于过去一个世纪，现今一般女孩月经初潮的平均年龄已从16～17岁下降至12～13岁。

性早熟不只发生在女生身上

2012年研究人员在美国儿科学会（American Academy of Pediatrics, AAP）由41个州、144名儿科医生提供的4100名男生数据当中也发现类似趋势：相比几十年前的数据，现在美国男孩进入青春期比过去早了半年至两年。其中非洲裔男孩开始最早，约9岁，而白人和拉美裔美国人平均在10岁左右。

第4章

无处不在的EDCs

从罐头、锅具、餐皿、奶瓶、塑料容器、DVD、家电用品、防水衣、汽车零部件，到牙膏、防晒霜、洗手液、沐浴乳、洗洁精、衣物清洁产品、美妆护肤品……甚至是消费购物拿到的电子发票、ATM提款明细、信用卡账单、等位小票，几乎日常生活中所有能接触到的，都可能潜藏各种内分泌干扰物。至于是哪些成分被放进去，又是怎么跑出来，对环境和人的影响，以及如何因应面对？就是本章接下来所要谈的重点了。

BPA令人愤慨的历史

从20世纪50年代开始，为了廉价制造耐用的塑料餐具，双酚A（Bisphenol A, BPA）成为普及的制造材料。但不为大众所知的是，双酚A早在1936年就被确定为雌激素类激素干扰物，结果也公布于权威学术期刊《自然》（Nature）。

而大家或许会问，为什么BPA这种"坏东西"不马上禁用？原因非常简单，因为一个"钱"字。它的使用量惊人，全球每小时有相当于50万美元的BPA被生产和应用，在过去30年间生产量增长5倍，如此金额庞大的生意，财雄势大的化学公司必然会以各种手段反对禁用。也就是说：

> 为了更可观的利润，工业界出卖了人类健康福祉，
> 还累及人类的将来。

我们作为消费者绝对有能力用购买选择权说"不"。只要我们不买单，

化工界势必要做出改变。

直到今天，即使超过1000项研究发现双酚A会带来重大健康风险，依然有不少企业拒绝采取行动消除产品中的双酚A。还有企业采取不负责任的解决方案，将BPA转为类似且同为类雌激素的双酚S（Bisphenol S, BPS），以逃避监管要求，欺骗公众，无视社会责任。

■ 取巧的"BPA FREE"商标

由于BPA臭名远播，很多企业都在自家商品贴上"BPA-Free"（不含双酚A）的标示，标榜所生产的塑料制品没有使用BPA，但如果他们是以BPS作为取代BPA的物质，一样会对生殖系统造成伤害，甚至更甚。那根本是自欺欺人的表现，消费者也无从判断，十分无奈！

"假如你体内没有BPA，你肯定不是这现代世界的一分子。"——《时代》周刊，2010年

双酚A（BPA）——目前全球最有名的EDCs

双酚A是一种无处不在的人造化学品，原本是用来加速牛和家禽的发育，自从1930年被发现是一种能通过干扰人体内正常雌激素类信号令身体运作失衡的类雌激素，后来就用来作为激素补充疗法给妇女服用。而化工产业在1950年发现双酚A是非常好用的硬化剂，直到2006年生产消耗总量已达40亿千克（还在继续增加），至今被广泛应用在各种各样的日常用品、食品与饮料包装的微波器皿和储存容器内，以及眼镜镜片、光盘、家电产品、汽车零组件、水瓶和奶瓶、儿童塑料餐具和罐头内的涂层，一般可在标示塑料材质回收辨识码7号的物品找到（见右图）。

1997年以来，大量BPA科学论文、研究报告和评论已经表明，当产品加热、暴露于阳光中紫外线，或是在洗餐具过程中损坏，BPA很容易会被释出。此外，由于双酚A是一种脂溶性有机化合物，当高脂肪含量的食物使用塑料容器装盛时，也有可能会令塑料内的BPA释出。研究显示，**双酚A能导**

致多种致命疾病，包括生殖系统紊乱、发育畸形、性早熟、不孕、肥胖、多种癌症、神经系统疾病、气喘、心脏病、心血管疾病、肾脏病等。其中可能引发的癌症包括华人两种主要癌症杀手：女性乳腺癌（原因请参见第3章）以及男性前列腺癌，可见我们绝不能忽视双酚A对人体健康构成的危害风险。

更令人忧心的是，BPA能通过改变"表观遗传信号"增加后代的患病风险，使下一代即使未接触此毒素也可能因上一代而患上严重疾病（请参见第2章〈事件二：妈妈服药对胎儿的延迟影响能跨代〉）。再者，**双酚A于低浓度已能发挥毒性，只要一茶匙中有百万分之一克，就算是处于有毒浓度，令我们不知不觉置身健康的危险境地。**

◀ **你无疑已受这种可怕化学品影响！** ▶

BPA就在你体内

你每天都生活在充满着双酚A的环境中！

化验结果显示，它普遍存在于多种日常用品，包括水瓶、婴儿奶瓶等装盛饮品或食品的塑料制容器。但有多项学术研究发现，这些产品能够释放出其中的BPA，直接溶解于我们每天的饮用水与食物中，并随着饮食进入你我体内。

除此之外，我们平日也经常透过皮肤吸收到双酚A。令人意想不到的是，你我每天都可能拿到的电子发票、ATM提款明细、信用卡签账单、等位小票和传真机感热纸，竟然会为我们带来另一重大危机！

据统计，双酚A是最常用于打印单据的显影剂。台湾地区的"消费者文教基金会"2011年抽检市面上感热纸样本，有高达64%检出双酚A；2012年6月再度抽查市面样本，报告中显示仍有近18%感热纸被检出含双酚A。哈佛大学环境健康系则早于2010年就发现，经常接触这些单据的收银员体内双酚

A浓度远高于他人。同年一项法国研究也发现，我们的皮肤能轻易吸收环境中的双酚A。

而除了单据以外，双酚A这个化学物也被用于运动器械、光盘、眼镜等日常使用的物品。 有瑞士研究人员发现，物品上的双酚A能够通过触碰转移到其他物品，因此为了降低风险，应该避免经常接触感热纸（孕妇更要特别注意！），父母也要留意勿将电子发票交给小孩保存或玩耍，并且在接触上述物品后立即用肥皂洗手。

> **正因为双酚A无所不在，研究发现：**
> **我们大多数人的尿液样本含有相当浓度的BPA。**

其中，德国研究数据显示高达99%儿童尿液样本含有BPA。而根据美国疾病控制与预防中心的数据，你可以在93%美国人（6岁以上）身上找到这骇人的化学品。我们也难以置身事外！

2013年香港浸会大学发布一项惊人的研究结果，发现香港市民血液中双酚A平均浓度处于前面提到的每茶匙中有百万分之一克（~0.95纳克/毫升），这个浓度具有很高的致病风险。

■ 欧美日各国对双酚A危害的因应措施

BPA善于模仿雌激素功能，孕妇子宫内的胎儿、婴儿和幼童特别容易受到早期接触暴露于BPA的影响。

有鉴于此，2010年加拿大将BPA颁布为法定有毒物质，成为全球首个宣布BPA为有毒物质的国家；美国食品和药物管理局（U.S. Food and Drug Administration, FDA）也公开警告此毒素对胎儿与儿童的潜在风险。

2011年，欧盟宣布禁止于婴儿奶瓶、儿童用的水瓶中使用双酚A。之后加拿大、美国也禁用含BPA的婴儿奶瓶和玩具。

2013年，美国多州已推行一系列对饮食容器的规定。法国后来跟进立法，从2015年1月1日起，所有专供3岁以下婴幼儿使用的食品器具及容器均禁止使用BPA。

至于东北亚的日本，则是最早正视相关问题的亚洲国家。在1998—2003年，日本罐头产业自发性地改用不含BPA的聚对苯二甲酸乙二醇酯（Polyethylene Terephthalate, PET），降低罐头内壁涂料所含BPA转移到食品中的概率。小孩学校午餐餐具也以不含BPA的塑料材质取代。这些变化的结果显现在日本风险评估调查：在罐头食品或饮料中几乎再没有检测到BPA，而BPA在日本国民的血药浓度[15]中也显著下降50%。

■ 台湾、香港地区慢条斯理的办事作风

相较于欧盟、加拿大、美国、日本对BPA潜在风险的积极因应，台湾与香港地区的处理态度显得有些慢条斯理。在全球的趋势下，台湾地区于2013年9月起规定3岁以下婴幼儿奶瓶制造商不得使用含双酚A的塑料材质，但不包括同样重要的3岁以上儿童的食品器具及容器的监管；香港地区虽然同年开始拟订针对儿童奶瓶的BPA含量规定，但是也不知道要等到何时才能实施!?

是艺术作品，也是含有毒双酚A的食品

你买过金宝汤[16]罐头吗？这个老品牌罐头汤在全球大型超市都能看到它的踪影。它不单是一种汤品，有留意当代艺术的朋友应该都知道，它同时被

称作32罐金宝汤罐头（32 Campbell's Soup Cans），是美国知名艺术家安迪·沃荷（Andy Warhol）于1962年所创作的艺术作品。这幅作品包括32块帆布，每一小块尺寸均为50.8厘米×40.6厘米，上面各画一个不同口味的金宝汤罐头，现在这每一小块在国际艺术品市场的拍卖价格高达上千万美元。但这美丽包装的罐头原来含有非常不美丽且有毒的BPA成分。

---

15 血药浓度（Plasma Concentration），指药物吸收后在血浆内的总浓度，包括与血浆蛋白结合或在血浆游离的药物，有时也泛指药物在全血中的浓度。

16 由美国首屈一指的罐头汤生产商——金宝汤公司（Campbell Soup Company）生产，其在台湾地区曾命名为"汤厨"。

为何在金宝汤罐头中
能找到BPA？

在英国上大学时，常会到超市买金宝汤的罐头番茄浓汤，再加点肉丸、蔬菜和笔管面，便成为简单美味的一餐。相信应该也有不少家长喜爱在自己家中做这道超方便、小孩子又爱吃的意式料理吧！

从包装上成分标示你不会找到双酚A，但是厂商在制造传统金属罐头时，常会在内层涂上一层环氧树脂薄膜，分隔开罐头和盛载的内容物（食品或饮品），以达到防止金属腐蚀的功效。

小科普　**制造金属罐头为什么用双酚A？**

双酚A（BPA）是合成环氧树脂涂料的主要原料，所制成的薄膜不易脱落，对金属有良好的防蚀效果，能有效阻止氧气、微生物入侵罐头。但缺点是会残留于制成的薄膜当中。

它重量轻、耐热的特性方便生产和产品销售过程，表面上这是制造商选用双酚A的理由。可是双酚A制薄膜并不是拥有这些特点的唯一选择，实际上"技术成熟"与"造价低廉"才是罐头厂商爱用双酚A最主要原因。

◆　◆　◆

经化验结果证明，存在于薄膜中的双酚A常渗入罐头内容物，导致大量罐头类食品和饮品受到双酚A污染。也就是说，**我们日常购买的罐装产品均可能受到容器中双酚A污染！**

另外，根据美国《消费者报告》（*Consumer Reports*）2009年的测试，在金宝汤鸡汤罐头产品中检测到最高102微克/升的高浓度双酚A。丹麦消费者委员会也于2016年3月公布，仍然有超过六成他们测试的不同品牌番茄罐头产品含有双酚A。

而消费者看到以上种种负面数据，当然不会如同食品公司一样无视罐头释出双酚A的潜在风险……

■ 金宝汤在群众压力下表示将停用双酚A

社会各界于是踊跃参与由美国乳腺癌基金会发起的"Cans Not Cancer"运动，主动向金宝汤投诉，使金宝汤公司在六个月内就收到超过70000封电子邮件，其中光是由名为"健康儿童、健康世界"的非营利组织收集到的请愿书就高达20000封。

直到2012年3月，金宝汤公司终于表示将会应大众对双酚A的关注与诉求，计划在未来的生产制程中停用双酚A。然而，金宝汤虽然做出停止使用双酚A的承诺，却未进一步建立实行方案，比如改用什么较安全的替代物料和时间表等，并且被《福布斯》(Forbes)杂志报道并未制订取代双酚A的技术便许下无凭承诺。

> 数十年来许多研究显示双酚A可导致多种致命疾病，
> 大部分的罐头、食品制造商依然无动于衷，
> 拒绝采取行动替换双酚A这种制造原料。

健康小锦囊　降低BPA潜在风险的方法

既然双酚A（BPA）在生活中无处不在，我们可以怎样自救，减少它对人类可能造成的健康危害呢？

- 少吃罐头食品，要吃就挑标示不含双酚A的。

- 勿存放吃剩的罐头食品，因空气和光线有可能会促进BPA或其他化学物质的释出。

- 购买和使用纸、玻璃或瓷器装盛的餐盒，以及贮存食品容器与饮料瓶，降低使用含有BPA塑料材质容器的机会。

- 移除表面损坏的旧塑料板、杯和餐具，因为破损部分特别容易释出有害的BPA或塑化剂。

- 停止将塑料容器放进微波炉加热，特别是标示"PC"及"PVC"字样的容器（塑料材质回收辨识码为3号和7号）。

- 尽可能避免加热塑料制品。由于加热倾向于促进化学物质释出，即使是相对更安全的其他类型塑料材质，也可能因加热或长期贮存而释出有害化学物质。
- 选用标示不含双酚A的婴儿奶瓶。
- 询问你的牙医，避免使用含双酚A的补牙用填料。
- 要求政府加强管制，督促企业全面停止使用双酚A。

◆ ◆ ◆

我对台湾地区网传瓶装水材质会释出BPA的看法

在泛科学（PanSci）网站有两篇题为《瓶装水安全吗？》和《瓶装水安全吗？（二）》的文章在网络上引起热烈讨论，主要关注内容有以下两点：

一、用聚对苯二甲酸乙二醇酯（polyethylene terephthalate, PET，即标注回收辨识码1号的塑料材质）制造的水瓶在加热时会释放出低浓度的双酚A。

二、放在车里的瓶装水会因高温环境使瓶子释放有毒物质。

首先回应第一点：

据我所知，用PET制造的产品根本不需要BPA的存在，虽然PET被广泛用于制成瓶装水的容器，但文章中引用的西班牙362个样本研究并未说明那些塑料瓶到底是用什么材料，所以我无从稽考，反而近年有报告指出：PET塑料瓶在高温及反复使用下，会释放出另一有毒成分DEHA（一种塑化剂）。而DEHA会损害肝脏及生殖系统，所以PET的设计根本不适合加热或长期反复使用，那是我们自作主张的选择。

再来谈到放在车里的水不适合饮用的讲法：

尽管你把车停在户外长期暴晒，也很难到达塑料会溶解的程度，所以据我了解，瓶装水会受到污染或变质，主要是来自太阳的紫外线令塑料材质降解，或者是本身产品已经开封过，因细菌滋生而出现怪味，不能够什么事都怪到BPA的头上。

热爱烹饪的朋友对铁氟龙（Teflon®）这名字想必不会陌生吧？于1938年由美国杜邦公司发明并且成功推出市场，应用广泛，属于有毒全氟化合物（Perfluorinated Compounds, PFCs）的全氟辛酸类（Perfluorooctanoic Acid, PFOA），科学家们发觉它对人类健康的潜在影响，源于兽医发现饲养在厨房的宠物雀鸟离奇死亡。现在，**PFOA化合物不仅应用在厨房烹调料理的不粘锅和平底锅，几乎所有防污和防水布料、部分食品包装，甚至油漆、地毯、电动刮胡刀和衣服，也都有它的存在。**

PFOA易洁涂层与甲状腺疾病

2009年美国疾病控制与预防中心发布的《人类接触环境化学品第四次国家研究报告》（*Fourth National Report on Human Exposure to Environmental Chemicals*）显示了甲状腺疾病与人类接触PFOA的关联性。这项研究从近4000份（20岁以上）PFOA血清采样发现，PFOA浓度高的人比正常人罹患甲状腺疾病风险高出两倍以上。

其他科学家所进行的动物研究也表明，这类化合物可导致动物肝脏、胰脏、睾丸及乳腺出现肿瘤。目前已知PFOA会让老鼠患上肝癌及甲状腺癌，直接影响哺乳动物甲状腺激素系统的功能，包括维持心脏速率、调节体温，以及代谢、生殖、消化和心理健康等。

除了可能损害甲状腺，美国环境保护署（EPA）同时发现PFOA"构成人类发育和生殖的风险"，这些讨厌的化学品也与新生儿出生体重过低和成人不孕有关。

铁氟龙锅易因加热导致不粘涂层分解，释放毒素进入周围的空气中。当你的锅烧到360℃（加热3～5分钟），至少就有6种PFOA有毒气体被释放出来，其中包括2种致癌物、2种全球性环境污染物，以及1种已知会对人类有害的化学物质。当温度上升至500℃，锅子涂层基本上已被分解成更毒化学剂——全氟异丁烯（Perfluoroisobutylene, PFIB），所以不粘锅一般不适合高温且长时间使用。

这些化学物质很容易通过你的身体被吸收，本来健康美味的家常菜可能因选择厨具不当而变得有毒。首当其冲受害的是家中饲养的宠物雀鸟和它们的主人。由于雀鸟比起人类有较高的代谢率及更敏感的呼吸系统，以往曾被用来侦测煤矿坑中有毒一氧化碳气体，当发现被养在厨房附近的雀鸟，很多都因吸入铁氟龙在高温下释出的烟雾而中毒窒息身亡（引致肺出血及积水），之后杜邦公司也建议使用不粘锅前先将宠物鸟移离厨房，我们人类又怎么能不担心呢？

PFCs是户外活动服装普遍的材料

由于PFCs能防水、防油且具稳定性，被广泛用于许多户外活动产品。以纺织品为例，户外活动服装表面有一层以聚四氟乙烯（Polytetrafluoroethene, PTFE）制成的防水薄膜，PTFE是一种氟化聚合物（一个用超高分子质量化合物组成的碳和氟的化合物），即**消费者普遍熟悉的Gore-Tex®与Teflon®涂料**，其防水和防污原理是当水碰到衣物表面时会呈水珠状，且容易从衣物表面滑落。但由于其特性持久，一旦接触环境，便难以分解，能残留在环境之中达数百年，使这种有毒物质不但能在远离人烟的高山湖泊找到，最近的科学研究也发现它能在野生动物如北极熊的肝和人类的血液中积累。

穿着含PFCs的衣服有害健康吗？

目前暂时没有证据显示PFCs能够直接穿透皮肤，所以穿着含PFCs的衣服应不会直接影响人体健康。PFCs主要通过生产过程释放到自然环境中，使用或弃置含PFCs的产品时，也会因老化或破损而释放PFCs，并且随着我们的呼吸、食物、饮水或空气中的灰尘进入食物链，累积在人体体内，损害生殖系统、致癌及影响激素分泌。

■ 消费者支持环保团体行动：联合要求停用有毒的PFCs物料

环保组织绿色和平于2010年发布《毒隐于江：长江鱼体内有毒有害物质调查》报告，指在我国长江沿岸两种食用野生鱼（鲤鱼与鲶鱼）体内验出含全氟化合物（PFCs）和烷基酚（APs），严重威胁人体健康与生态环境，呼吁中国政府尽快立法监管遏制这些有毒有害物质的使用和释放。

隔年8月绿色和平再度公布《毒隐于衣：全球品牌服装的有毒有害物质残留调查》，指出多个知名品牌服装中含有"环境激素"壬基酚聚氧乙烯醚（NPE）。组织相信污染源头是来自制造环节中牵涉到防水涂料等产品的工厂排放。之后世界知名运动用品品牌阿迪达斯（adidas）承诺将淘汰使用全氟化合物，可惜2014年却被环保组织发现并未全面兑现当年承诺，在多对球鞋、守门员手套、球衣，甚至世界杯的专用足球，均验出残余PFCs等有毒化学物。阿迪达斯作为2014巴西世界杯足球赛的赞助商，最终在媒体压力下，于世界杯开锣前夕承诺：2017年起，其产品将99%不含PFCs，并在2020年或之前全面淘汰生产链及产品上的有毒有害化学物。

连续几年公布相关调查报告后，2016年初绿色和平又动员全球户外活动爱好者和消费者，联署要求北面（The North Face）和猛犸象（Mammut）两个相关国际品牌停止使用有毒的PFCs物料，迈向无毒生产，结果不到一个月就获得20多万人支持。两家公司的管理层是否会顺应民意呢？另一方面，户外服装品牌（如阿迪达斯）已率先为去除PFCs订立限期和目标，其他时尚品牌如Puma、Mango、G-Star、Inditex（Zara母公司）和日本Uniqlo都承诺会在网上平台公开其工厂排放和化学物质使用资讯，我欣赏它们的积极措施，相信消费者也乐见市场上有更多安全又环保的产品选择。

健康小锦囊　立即移除家中含PFCs和PFOA物品

- 以陶瓷或玻璃锅具替换家中厨房的铁氟龙锅或其他相似类型的不粘锅。我个人的选择是陶瓷厨具，因为它非常耐用且易清洗。
- 烹调时尽量将火力控制在低至中火，千万不要对空锅高温预热。
- 停用微波爆米花袋，因其内层也涂上了不粘表面的有毒化合物。
- 减少穿着或购买标榜防污和防水服装、地毯和纺织品。
- 减少接触含阻燃剂的产品。

关心全家人健康，请好好检视家中物品，孕妇或备孕夫妻更要留意！

◆ ◆ ◆

洗面奶、牙膏、发蜡、防晒霜、抗菌洗手液……这类产品，都市人每天使用一大堆加起来达上百种大家根本看不懂的成分在身上，有没有谁曾经问过这些东西到底是否安全？前辈给我的金科玉律是：

不要把不能放入口中的产品用在自己的皮肤上。

牙膏也不安全？

你每天刷牙用的牙膏，真的绝对安全吗？

牙膏，是每个人在日常生活中不可或缺的口腔护理产品。可是，当大家在牙刷上挤上牙膏，看着镜子"向上刷，向下刷"的时候，科学家研究却发现，部分牙膏含有一种成分叫三氯沙。什么是三氯沙？它对人体和胎儿会有什么潜在影响呢？

小科普　三氯沙（Triclosan）与三氯卡班（Tricloca）

三氯沙和三氯卡班是合成抗菌药物，常被添加在清洁剂（固体和液体）、牙膏、漱口水、体香剂、刮胡膏，以及沐浴乳或洗手液等个人护理产品。两者相比，以三氯沙较为普遍，普遍到超过75%美国民众的尿液被检测出三氯沙，甚至连母乳中也验得出来。

调查显示，三氯沙与三氯卡班都是一种环境激素，容易与脂肪结合，却不易从身体排出，长期累积在体内恐会影响甲状腺激素和睾酮（男性激素）。根据美国最新研究，三氯沙更可能干扰女性激素的作用，阻碍胎盘的发育及血管形成。孕妇长期使用含三氯沙的抗菌清洁用品，有可能导致胎儿脑部发育不良。

◆ ◆ ◆

早在2010年美国已有实验报告显示，三氯沙有导致动物激素失调的疑虑，有美国国会议员呼吁禁用，美国食品和药物管理局（FDA）也对三氯沙的安全性进行审查，并指出哺乳动物和其他动物试验已表明它对激素的影响，值得进一步科学探究和监管审查。原本审查报告一直没有被公开，直至2013年年底大众基于信息自由法（Freedom of Information Act, FOIA)诉讼后，迫使FDA在2014年年初公布对三氯沙毒理学研究长达35页的文件。

研究指出三氯沙令老鼠胎儿期骨骼畸形，甚至与癌细胞生长和减弱生殖能力有关。有科学家细阅报告后认为，三氯沙既然会破坏内分泌系统和停止激素运作，质疑美国当初为何只依赖产品厂商赞助的科学试验，以显示产品安全有效而草率批准产品上市!?

FDA表示动物实验所得结果已有足够理由重新检验产品。在2016年9月的最终裁决令许多环保人士十分鼓舞，因为当局决定要求厂商在一年内移除所有抗菌剂与清洁剂的三氯沙成分。话虽如此，除了美国FDA立法禁止抗菌剂、清洁剂等类别产品和部分品牌计划停用三氯沙外，目前没有任何一个国家在其他产品类别全面禁用三氯沙，各国都是采取订出限量标准。很多国家的标准是含量不得超过0.3%，目前在我国出售的牙膏品质标准就是以0.3%为上限；三氯沙在香港甚至不属于毒药，只需注册便可使用。

部分市售牙膏含有三氯沙（即图中的"三氯生"）。

另外一个问题涉及滥用三氯沙对抗生素耐药性的潜在危机。

2010年欧盟曾经提出，三氯沙恐引发细菌基因突变，或是增强细菌抗药性的可能。美国食品和药物管理局咨询小组也清楚表明，和普通肥皂相比，并没有证据显示含三氯沙的清洁剂（洗手液等）能更有效杀菌；而2009年时，因三氯沙会增强细菌的抗药性而使抗生素失效，加拿大医学协会（The Canadian Medical Association）也呼吁联邦政府禁止在一般消费产品中使用三氯沙。为了防患于未然，能不用就别用了。

■ 继续三氯沙故事……

三氯沙在近年引发了不少讨论，虽然动物实验发现，它会影响胎盘，令动物体内激素无法发挥正常作用。不过，对人体是否有相同危害？目前各国仍未有定论，截至目前，并没有足够的研究报告显示三氯沙确实会立刻危害人体健康。但专家们提醒，三氯沙会透过皮肤层进入体内，日积月累可能导致激素失调；特别是脆弱的婴儿，若接触久了，可能会出现异位性皮肤炎或气喘等过敏性疾病。所以，根据预防性原则，为了下一代，我们应尽量避免使用过多含有三氯沙的各种用品。

在台湾地区，有知名品牌牙膏被验出三氯沙严重超标4万倍，而且各式各样的清洁用品，从牙膏到沐浴乳、洗洁精，标示全是英文，光一个三氯沙就有五六个英文名字，往往让消费者非常混乱。以下是一些厂商可能为了规避监督而改用的别名：

中文名称	三氯沙、三氯新、二氯苯氧氯酚、三氯羟二酚醚、玉洁新、玉晶纯
英文名称	Aquasept、Irgasan、Gamophen、Sapoderm、Ster_Zac、DP-300

在香港地区，消费者委员会未禁止商品中含有三氯沙。市面上最为人熟知的品牌高露洁（Colgate）有一系列高露洁全效（Colgate Total）牙膏也含有三氯沙，厂商在牙膏包装上用了三氯生为名（见页上图），难怪产品广告声称能长时间抗菌。

作者检视市售各种不同品牌的牙膏，以及2008年台湾地区"消基会"、2014年香港地区消费者委员会所做的市场调查，发现以下几款牙膏含有三氯沙：

■ **含有三氯沙的牙膏产品**

发现年份	产品名称
2014	高露洁全效 – 备长炭深层洁净牙膏
2014	高露洁全效 – 美白牙膏

发现年份	产品名称
2014	高露洁全效 – 专业牙龈护理牙膏
2014	高露洁全效 – 专业抗敏牙膏
2014	高露洁全效 – 专业洁净牙膏（果冻状）
2014	高露洁全效 – 专业洁净牙膏（膏状）
2014	Beverly Hills Formula
2013	欧乐B – 牙齿及牙肉护理牙膏
2008	黑人牙膏 – 天然草本含氟牙膏
2008	百灵 – 牙周病牙膏

其实市面有许多其他更天然的选择（见下图），价格虽然相对昂贵，但是牙膏每次用量不大，其实不要紧，其他含三氯沙的清洁用品能不用就别用，若需使用相关用品，如沐浴乳或洗手液等时，切记要冲洗干净。另外，使用牙膏后也要彻底用清水把口腔漱干净，尽量可能不要吞食；建议牙膏每次使用量约一颗黄豆大小即可。免疫力需要靠适量细菌的刺激，才能更加提升。换句话说，过度使用抗菌用品，反而易损害免疫系统，而增加过敏或生病的概率！

2013年初国际顶级期刊《环境科学与技术》（*Environmental Science & Technology*）发表了美国明尼苏达大学（University of Minnesota）一项研究，该研究指出在该州八个湖泊和河流的沉积物中发现三氯沙含量越来越多，而污水处理厂目前技术

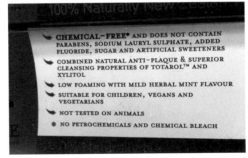

部分市面上人造化学成分较少的牙膏都强调不含三氯沙或对羟基苯甲酸酯等内分泌干扰物。

无法从水中把三氯沙过滤出来。同年3月，美国明尼苏达州州长马克·戴顿（Mark Dayton）比起FDA更有先见之明，早已发出行政命令要求州内的国家机构停止购买和使用含三氯沙的洗手液、洗洁精和洗衣清洁产品，并且于

2014年5月发布法案[17]禁止相关产品在州内销售。

化妆品含塑化剂？

的确，表3-2所列可能含邻苯二甲酸酯类物质的常见生活用品中就有"化妆品"这项，包括指甲油、香水、洗发水、发胶、口红、护肤乳液等。邻苯二甲酸酯是一种塑化剂，通常在化妆品中可以找到。它是已知的类雌激素，有科学研究怀疑现今许多健康问题，如精子数量减少、男性自闭症、乳腺癌和睾丸癌、睾酮浓度降低等，都跟这塑化剂类型的化学物有关。

▌宝洁（P&G）的回应与否认

在环保团体和消费者组织多年的提倡和舆论压力下，世界上最大消费品制造商宝洁（Procter & Gamble, P&G）于2013年9月宣布，从2014年开始，旗下所有品牌及产品将停止使用邻苯二甲酸二乙酯（Diethyl Phthalate）和三氯沙（Triclosan）这两个具激素干扰争议的化学品。虽然宝洁仍坚持否认这些化学品是不安全的。

2016年初，宝洁再度公开表明不使用140种化学物质，其中有许多物质也是内分泌干扰物家族成员，算是有慢慢在回应消费者对更高透明度和更安全产品日益增长的需求。

但遗憾的是，这么重大的消费者新闻，我在中文报道中只能找到非常少的媒体曝光！令我不免要抱有这样的怀疑：

> **消费品制造商的公关团队**
> **从来就不希望他们的客户知道**
> **他们每天大量使用的产品中的化学品成分组成。**

17　SF2192法案，规定任何人不得出售或提供含三氯沙的清洁产品（用于抗菌或清洁手部、身体），自2017年1月1日起生效。此法案的发布使明尼苏达州成为美国联邦第一个立法禁止贩卖含有三氯沙（Triclosan）之消费性个人清洁用品的州政府。

防晒霜的另一面

夏日里，遇上晴朗的好天气，想要外出郊游，却又怕被猛烈的阳光晒黑灼伤。不知你是否也曾有过这样的烦恼？撑阳伞、戴帽子、穿长袖衣物似乎都不是良策，因为它们多少都会影响游玩的兴致。此时多数爱美的女性会选择涂一层防晒霜或其他防晒产品，方便快捷又有效。然而，面对架上琳琅满目的防晒产品，你如何挑选呢？

▌化学性防晒 vs 物理性防晒

在挑选防晒霜之前，首先要了解化学性防晒（下图左）和物理性防晒（下图右）的作用原理：

化学性防晒　　　　　　物理性防晒

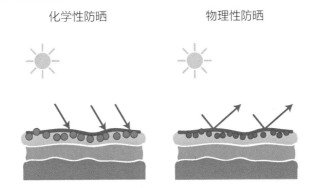

化学性防晒剂被广泛用于各种防晒霜中，因为它质地清爽，种类繁多，而且价格较低。在太阳光下，化学性防晒剂的成分会吸收紫外线，并将其以一种较低的能量形态释放出来，减少紫外线对皮肤的直接损伤。一般来说，防晒剂要渗透皮肤，与皮肤细胞相互作用之后，才能产生防晒效果，这就是为何我们经常见到产品说明上写着"需要提前30分钟涂抹"的原因。由于化学性防晒剂吸收紫外线时也在逐渐被氧化，所以为了保持防晒效果，我们需要及时补涂。

物理性防晒剂的刺激性小于化学性防晒剂。物理性防晒主要是利用二氧化钛、氧化锌等制成的微粒，如镜面般阻挡或反射阳光，避免紫外线接触皮肤，而达到防晒的效果。物理防晒依靠遮盖来保护皮肤，通常会泛白、比较厚重油腻，且不易涂抹。理论上，只要不出汗或擦拭，物理性防晒霜可以一直保持同样的防晒效果；但实际上，物理性防晒霜容易因触碰或流汗而脱落，加上其不易抹匀的特点，纯物理性防晒霜很难达到很高的防晒指数。目前市面上的防晒产品，虽有少部分属于纯物理性防晒，但是大部分都会兼有两种防晒的成分，以互相弥补，提高防晒效果。

▌ 检视家中防晒霜成分

虽然亚洲人因太阳紫外线而罹患皮肤癌的风险相对白人低很多，但是中国人经常说"一白遮三丑"，很多爱美女性会为保持白净的皮肤而每日使用防晒产品，再加上广告的推波助澜，宣传待在室内也会受到紫外线侵害，所以有些女士无时无刻不留意防晒，用上大量防晒产品，我甚至认识有些女孩用量惊人，脸上涂了一层又一层的防晒，看来就像在墙上"抹灰"，在大街上看起来很有趣！

不有趣的是，市面上超过60%的化学性防晒产品中常见的有效成分（见下表）都含有一种或一种以上类雌激素，使用时容易渗透过皮肤，甚至污染环境，你又知道吗？

■ **化学性防晒霜中常见的主要成分**

化学名称(中文)	常见产品	用途	内分泌干扰影响
3-亚苄基樟脑 (3-Benzylidene Camphor or 3BC)	防晒霜，抗皱护肤品	UV过滤	类雌激素
4,4'-二羟基二苯甲酮 (4,4'-Dihydroxy-Benzophenone)	防晒霜，抗皱护肤品	UV过滤	类雌激素
4-甲基亚苄基樟脑 (4-Methylbenzylidene Camphor or 4-MBC)	防晒霜，抗皱护肤品	UV-B过滤	类雌激素
二苯基甲酮-1 (Benzophenone-1)	防晒霜，抗皱护肤品	UV过滤	类雌激素
二苯基甲酮-2 (Benzophenone-2)	防晒霜，抗皱护肤品	UV过滤	类雌激素
二苯基甲酮-3 (Bexophenome-3 or Oxybenzone or BP-3)	防晒霜，抗皱护肤品	UV过滤	类雌激素
胡莫柳酯 (Homosalate or HMS)	防晒霜	UV-B过滤	类雌激素

化学名称(中文)	常见产品	用途	内分泌干扰影响
甲氧基肉桂酸辛酯 (Ethylhexyl methoxycinnamate or Octyl methoxycinnamate or OMC)	防晒霜，抗皱护肤品	UV-B过滤	类雌激素
对二甲氨基苯甲酸异辛酯 (2-Ethylhexyl 4-dimethylaminobenzoate or OD-PABA)	防晒霜	UV过滤	类雌激素

更糟的是，没有商人会告诉你，它们对你健康的影响和致病风险！许多常见的防晒产品也有雌激素效应，这种效应可能提高罹患癌症概率、导致胎儿发育缺陷、降低男性精子数量和品质、阴茎变小，再加上大量其他未知的医疗健康问题……这些影响跟许多被禁用的化学品，如滴滴涕（DDT）、二噁英（Dioxins）和多氯联苯（PCBs）是相似的。

西方乳腺癌协会对于防晒产品最新的口号是：**"你不应该需要在皮肤癌和乳腺癌之间做出选择！"（Don't Make Sunscreen Users Choose between Breast Cancer and Skin Cancer Risk!）**

不需要冒癌症的风险！研究发现，许多防晒霜中含有类雌激素，扰乱内分泌系统，并且在乳腺癌的发展中扮演关键角色。然而，尽管防晒产品中所含这些化学物质已对你我健康构成威胁，但消费者普遍还是认识不足，主管单位对市售防晒产品仍须加强监管。

健康小锦囊　可以保护自己的天然防晒法

避免在中午紫外线高峰时段从事户外活动

使用防UV雨伞

穿着轻便的浅色衣服掩盖身体

当你必须使用防晒霜时，请慎选安全的产品。小鱼亲测平台抽样检测市售51款防晒霜样本，检测报告请见171页，其中平台建议给成年人和婴幼儿的16款防晒霜安全（绿鱼）榜单，多数产品都是以物理性防晒为主，不过请记住，最好的防晒仍然是一顶帽子和一把伞！

◆　◆　◆

对羟基苯甲酸酯（Paraben）——日用及美妆品中最常见的EDCs防腐成分

台湾TVBS和华视新闻之前都报道过沐浴乳含Paraben防腐剂恐诱发乳腺癌，当时曾引起一阵热烈讨论及关注。其实，对羟基苯甲酸酯（Paraben）是"一大类"已知具雌激素活性干扰功能的化学物质，并非指特定成分，目前常见的相关成分则是它的酯类衍生物，而消费者在产品标签上最常看到的是以下成分：

化学名称	化学名称(中文译名及全名)
Methyl paraben	对羟基苯甲酸甲酯；尼泊金甲酯；Methyl *p*-hydroxybenzoate
Ethyl paraben	对羟基苯甲酸乙酯；尼泊金乙酯；Ethyl *p*-hydroxybenzoate
Propyl paraben	对羟基苯甲酸丙酯；尼泊金丙酯；Ethyl *p*-hydroxybenzoate
Isopropyl paraben	对羟基苯甲酸异丙酯；尼泊金异丙酯；Isopropyl *p*-hydroxybenzoate
Butyl paraben	对羟基苯甲酸丁酯；尼泊金丁酯；Butyl *p*-hydroxybenzoate
Isobutyl paraben	对羟基苯甲酸异丁酯；尼泊金异丁酯；Isobutyl *p*-hydroxybenzoate
Sodium propyl paraben	*经过化学处理变成钠盐，可增加成分的水溶性，但化学特性会从弱酸性变成碱性

所以，消费者检视成分标签要特别留意英文字尾有"**paraben**"的！这几个常出现的成分一定要记住。精明的读者或许已发现上面表列化学物质名称有些眼熟，其实它们大部分也都是欧洲第一类危险名单17种内分泌干扰物（见34页）。

小科普 **护肤／化妆品中为何要添加Paraben？**

制造商都希望产品能经得起长途运送，而且可以存放在仓库或货架上好几个月不变质，这解释了防腐剂的使用原因，而防腐剂的本质是对细胞具有毒性，对于细菌与霉菌有抑制甚至杀灭效果，加上Paraben价格便宜、无色、无味，就成为常被添加的防腐剂成分。其实它们不只是用在化妆品和护肤品，包括药品及食品中也都可能找到。

◆ ◆ ◆

■ 台湾地区对于Paraben防腐剂的使用规范

台湾地区卫生福利部门2017年2月公布修正"化妆品中防腐剂成分使用及限量基准表",查询有关Paraben防腐剂的使用规范,标准跟欧盟一样,单一Paraben酯类及盐类用量为<0.4%,混合后总限量为<0.8%,并列有注意事项"非立即冲洗掉之产品,不得使用于3岁以下孩童之尿布部位"。然而,尽管Paraben现在还是合法使用,我还是想提醒大家两点:

一、为了达到产品最长的保存限期,大部分公司都会把合乎政府要求的最高剂量防腐剂加进他们的产品中,这是各产业的惯常做法,但要知道我们每天绝对不仅使用一种产品,最终把几种个别都符合产品法规最高剂量的产品一起使用时,我们皮肤接触到的已经是以倍数计算安全剂量的化学物质,顿时就变得不安全了。

二、合法使用的成分不代表安全,正如烟草中的致癌物尼古丁法律上是没问题的。Paraben会经皮肤吸收,事实上在实验室的动物测试也证实它有类雌激素的作用,会促进乳腺癌细胞繁殖,我相信外国禁用Paraben是迟早的事,并鼓励负责任的商人应在他们的产品包装上以大字标明有关成分。

网传肥皂比沐浴乳安全,是真的吗?

网络上很多人在传关于沐浴乳的警告,主要是说沐浴乳中的Paraben防腐剂会把人洗出病来。我自己每天洗澡都是用肥皂,不用沐浴乳的原因也是担心其中的防腐成分。对基本化学成分比较,一般肥皂使用动物性或植物性油脂(甘油)为基底生产,成分相对简单且不易变质;而沐浴乳就有一大堆我看不懂的化学添加物,把本来不能相容的水与油合而为一。但我在选择肥皂时也会很小心,尽量不买太香的产品,因为天然有机成分的香味本身不会太浓烈,太香很可能加了香精,而很多香精类化学物质属于邻苯二甲酸酯(Pthalates),跟对羟基苯甲酸酯(Paraben)同样是有雌激素活性干扰功能的EDCs成员。

其他洗浴产品

环境激素（EDCs）在我们的生活中随处可见，不论是食物或者是生活用品，我们都会找到它们的踪迹。而婴儿因为免疫力比较低，比其他人更容易受类雌激素影响。婴儿的健康无疑是父母的首要考量。幸好世界各国都有一些自愿组织不断在提倡市售产品应该除去所有有毒物质，促进一些知名品牌为广大消费者的健康负责。

■ 强生婴儿产品与EDCs

2009年3月，美国非营利组织安全化妆品运动联盟（Campaign for Safe Cosmetics）针对美国市场上48种婴儿卫浴产品进行检测，发现其中32种产品含二噁烷（1,4-Dioxane）、18种产品含甲醛（Formaldehyde）、17种产品同时含有两种致癌物质。强生（Johnson & Johnson）是其中一个产品被检测出含有毒物质的品牌。强生被揭发婴儿洗发水含有致癌物质甲醛后，承诺在2013年之前，婴儿用品将改用比较安全的配方，最终会停止使用甲醛、对羟基苯甲酸酯（Paraben）、三氯沙（Triclosan）和邻苯二甲酸酯（Phthalates）等有害物质。

虽然强生并未说明何时完全停止使用对羟基苯甲酸酯、三氯沙和邻苯二甲酸酯，但消费者应该留意它们都是EDCs，都会表现出类雌激素的作用，并且与加速乳腺癌的发展有关。另外，类雌激素的特性可能会令女童性早熟更普遍；三氯沙在北美牛蛙和南卡罗来纳州、佛罗里达州附近的海豚体内被发现，已知会扰乱激素，影响生长发育。还有研究显示，邻苯二甲酸酯会与其他化学物质相互作用，产生累积效应，造成更大的影响。例如2005年发表的一项研究显示，怀孕期间接触邻苯二甲酸酯可能导致男婴肛门与生殖器间距离缩短，以及降低男孩第二性征的发展，例如生殖能力。

可喜的是，有些小型公司已经在生产有机且不含有毒物质的洗发水、防晒霜、沐浴乳和润肤乳液，而他们在开发销售路线的同时，也对大品牌施加了一些压力去正视产品安全问题。因此，现在也有大机构开始逐步使用较安全的替代品，例如用葡萄柚籽萃取物取代对羟基苯甲酸酯作为防腐剂。

虽然强生在使用安全替代品进度上比较缓慢，但自2010年，已对其74%的产品清除了二噁烷，以及33%的产品清除甲醛。强生对消费者的健康做出保障，消费者自然感谢它的努力，在一个小型颁奖典礼上，强生的高层第一次收到一份有三万名顾客签名的感谢状。作为婴儿用品的龙头公司，强生这个决定不但为其他品牌树立好榜样，同时提升了自己的企业形象。

各大日用品及化妆品品牌对EDCs的态度

玫琳凯（MaryKay）：亲历美丽与现实

作者素来对直销品牌了解不多，除了母亲偶尔会买安利（Amway）的某些清洁剂和保健食品回家，对其他品牌所知甚少。2013年年初，作者受邀出席一场讲座担任主讲嘉宾，与大家分享有关"类雌激素与日常用品"，而在结束这场分享后，一位很有礼貌的女士主动上前与我进一步交流，她介绍自己正参与一个护肤品牌的销售工作，公司是带有强烈宗教色彩、重视社会责任和女性美好生活的玫琳凯（MaryKay）。

算我孤陋寡闻，当时真不知道那是什么品牌，但从这位销售顾问的仪态谈吐和她跟我的互动交流，我猜那应当是个不错的公司，后来才知道原来是国际直销的大品牌之一。她说自己从未意识到产品中可能含EDCs的问题，也详细询问了检测的方法和费用，并留下联系方式，第一印象良好。几天后，她安排了玫琳凯的产品做雌激素活性测试，样本总共有62个，这个举动使我非常感动，更令我对她所代表的品牌产生好感。

测试结果出来后，仅比例很少、个位数字的样本雌激素活性浓度颇高。这位销售顾问说她会主动停止销售那少部分产品，同时很乐观的建议我们马上去跟玫琳凯美国总公司的产品研发部门联系，还找了一些相关联络人名字给我，真贴心！你能从她眼中看到她对自己所代表的品牌是多么有信心和骄傲，不觉相信她的研发同事一定会给出积极正面的回复，并且进一步改良产品成分。于是我发出了几封电子邮件。

三个星期过去了，一直没有回应，玫琳凯的销售顾问自己也急了。直到有一天我收到邀请函，去做一个亚洲化妆品高峰会的主讲嘉宾，在信中看到玫琳凯那时的首席科学家Dr. Beth Lange也受邀出席，我马上告知这位销售顾问，大家心中又再次乐观起来。

与不断标榜"美丽"的品牌做了"不太美丽"的交流

在上海举行高峰会的日子终于来到，虽然事前在网上做了些准备，大约记得Dr. Lange的长相以方便找寻，但第一天会上没见到她本人。我主讲的场次被安排在第二天，题目当然离不开类雌激素在化妆品和护肤品中的安全问题，当天终于看到Dr. Lange。

演说完毕后，我在茶点时间主动上前跟她说话，理论上不用再介绍来者何人，但因为她是未回复邮件的其中一位，我还是小心介绍自己的身份和目的，以免她以为我来意不善。

她没有正面回复是否收到邮件，但当我提到在少数玫琳凯产品中发现"有趣"的雌激素活性物质时，她显得面有难色，明显不太愿意讨论下去。我按当时情况只能结束对话，和她说好通过邮件继续讨论。

更失望的邮件回复

之后我发的跟进邮件很快就收到Dr. Lange的回复。

我在信中详细说明了化学检测法在类雌激素问题上的漏洞，但她的回应一个字都没有提到EDCs的问题，只是不断地重复说公司产品如何符合法规安全要求（一贯公关标准化的回应），并且强调他们多么积极地与全球多少专家合作研发安全有效的产品（我现在不就是想跟贵公司提出友好科学合作吗？）。

真理和科学一样是越辩越明的，眼见她关上了探索和技术讨论的大门，令我很失望，希望那只是她个人而非公司的立场，但我更为那位热心的销售顾问感到难过，她本来坚信美好的品牌和光明的事业发展机会，都由于这些不美丽的回应而大受打击，不久后她便离开玫琳凯，而Dr. Lange也转到了另一个工作岗位。说到这里，我想起一句话，忘了是谁说的，但大概的意思是：不快乐和快乐的人，差异在于前者知道了更多真实的信息。同意吗？

雅芳（Avon）："去EDCs"的历程

2013年5月当雅芳（Avon）在纽约市举行股东会时，其中一项公司重要决议就是投票表决是否动用资源找寻其他较安全的替代品，以取代雅芳产品中与癌症、生殖系统损害和其他严重疾病有关联的危险化学成分，其中有许多是EDCs。当时提交雅芳股东会议的一方是其基金公司投资者：绿色世纪股票型基金（Green Century Equity Fund）。

▊ 消费者和股东要求踢出雅芳产品中不安全的化学品

基金公司出于商业角度认为，消费者对于天然产品的需求正在上升，尤其是不含EDCs危险化学成分的化妆品和个人护理产品。仅北美市场，标榜天然有机护肤品、护发及彩妆的公司，2005—2010年销售额就增加了61%，总额达到77亿美元，并估计到2016年可能会超过110亿美元。如果雅芳忽略此一重要的全球性市场趋势，恐将会削弱其销售业务并损及产品安全声誉。如果成功，面临利润缩水和美国一些销售代表流失的雅芳，可能因这次投票结果而顺势翻身，但最终结果却被大比数否决了，理由是"担心这将导致公司资源不必要的分流"，换句话说：消费者的关注和安全是"不必要"被考虑的。

雅芳其实在过去曾经应消费者的要求，采取了一些措施消除其产品中的EDCs成分。举例来说，2004年宣布将遵守对塑化剂（DBP）规范较严谨的欧盟禁令（当时美国法规还未要求）；2005年宣布其所生产的香水将不再使用另一种塑化剂（DEP）；2010年决定所有新开发产品中不再使用两种类雌激素防腐剂（Parabens）。此外，雅芳更是推动乳腺癌预防工作最不遗余力的企业之一，其赞助的活动在过去十年便筹集超过4亿美元。然而，遗憾的是，雅芳产品仍继续使用可能致癌（包括乳腺癌等癌症）的化学物质，以及已知的EDCs，当中更包括了儿童产品。

作者真想不通为什么雅芳会否决那样一个绝佳的翻身机会？明明新决议能加强其业务和品牌，吸引那些对产品安全意识高涨的新客户群；相反的，否决动议使雅芳在消费者心中形象变得虚伪，因为他们一方面继续销售受到EDCs成分污染的产品，同时又花费数百万美元营销自己。作为一家长期致力于乳腺癌防治工作的企业，是头脑有问题？还是另有内情？

2014年4月，雅芳总算又承诺其美容和个人护理产品将逐步淘汰使用三氯沙。虽然三氯沙只是众多EDCs当中冰山的一角，但走前一步总比之前漠视消费者的诉求好，当然我们更希望雅芳能采取综合、全面的政策，移除所有产品成分中的EDCs以及不安全的化学品，使每个用户都受到保护。

不要把美国对药物的管制和化妆品管制混为一谈

美国联邦法律中有个主要漏洞，允许雅芳和玫琳凯等公司在每年营业额近百亿美元的化妆品产业，无限量使用未经长期健康影响测试的化学物质，尤其是EDCs，且个人护理产品也没有相关的包装标签规定。事实上，化妆品是今天美国市场上被监管最少的产品之一。

幸好有几个国际品牌因应消费者对EDCs的担心，已开始采用比现有政府或联邦法规更高的自律化学安全标准，法国欧莱雅（L'Oreal）公司是其一。其他值得肯定的是强生（J&J）和宝洁（P&G）公司，也在2013年宣布将分阶段从儿童和成人用品中移除一些已知的EDCs，包括三氯沙、对羟基苯甲酸酯、邻苯二甲酸酯和防腐剂，这算是个好的开始。

———————◆———————

研究证实谨慎选择产品的重要性

只盼着那些大品牌早日处理掉各自产品中有害的化学成分，说实在有点被动，而且不切实际，自己学会如何小心选择产品更为重要。

2016年3月，美国加州大学伯克利分校发表的一份研究报告支持本人的观点。大学邀请了100名拉丁裔少女参与研究，在媒体发布时虽然没有说明选择拉丁裔的原因，但我猜是因为她们经济条件比一般白人差，多半购买比较便宜的产品，而且经济上依靠父母的年轻人能花的零用钱也不会太多。这令我联想到美国深色人种的肥胖症情况比白人更加严重，原因也跟他们的经济条件扯上关系，他们大都把钱花在一些便宜又饱食的垃圾食品，例如罐头和冷冻食品，最终恶性循环导致肥胖症问题。

再回到伯克利分校的研究。研究团队要求那些少女暂停平常使用的化妆品3日，停用的化妆品中含有大量邻苯二甲酸酯（Phthalates）、对羟基苯甲酸酯（Parabens）、三氯沙（Triclosan）、二苯甲酮（Oxybenzone）等有害化合物。之后再提供她们天然有机的化妆品，使用3日后分析参加者的尿液样本，发现有害化合物在她们体内的含量减少接近五成，减幅最大的包括对羟基苯甲酸甲酯及对羟基苯甲酸丙酯，含量分别减少44%及45%；而常添加于牙膏及肥皂中的三氯沙，在她们体内含量也减少36%。

试想，短短几天内的选择改变，便能测出体内有毒化学物明显减少，足见谨慎选择产品的重要性。

有一次，跟一位华人美容整形外科医生谈起他的工作，很惊讶地发现原来女性接受隆乳手术的人数还真不少。他指的是单纯为了让外表"更好看"，并不是因为疾病（如乳腺癌创伤乳房重建手术）需求，单是他个人一家诊所每年就接待上百人。

听说美国一年大约有30多万妇女接受隆乳手术，我没有找到亚洲这方面的统计资料，每次在讲座上跟大家分享，台下女性听众总是把我当作"黄大仙"一样，不停问很多她们在用的美容产品或品牌是否含有类雌激素。当然我是凡人，天下产品之多，我所知的也只是"有限公司"，于是反问她们谁有使用丰胸产品？全场立刻安静下来，几百人都没人举手，鸦雀无声。不过，只要打开电视购物频道或任何报纸杂志，都能看到各式各样丰胸方法和丰胸产品的广告，加上亚洲女性体型和胸部尺寸普遍较欧洲女性瘦小，求"大"心切，所以我相信这个市场在亚洲必定也相当大。

女性通过使用外涂产品、保健品来增大乳房，一定比开刀做隆乳手术多很多，因为手术始终有一定的风险——还记得之前曾有新闻爆出，因注射的隆乳物料出了问题，给许多妇女带来终身的痛苦。所以，如果有外用或内服产品能让乳房增大，对女性来说当然更有吸引力。这也是大多数丰胸产品和服务的主要卖点。但是，真的有什么成分、食品能安全又有效的让乳房变得丰满吗？

美丽的代价

前面第二章乳腺癌部分已说明雌激素是影响乳房发育的重要因素，乳房的大小和体内雌激素含量高低、雌激素受体的敏感性都有关。雌激素能刺激乳腺细胞增大，贮存更多脂肪组织，因此摄取足够量的雌激素有可能使乳房短时间增大。

其实女性乳房的尺寸变化，在月经前、怀孕前和产后哺乳期都非常明显，我作为男性虽然无法感受这种激素变化，但从视觉上不难留意到，重点是用这种摄取雌激素的方法丰胸并不安全，乳腺细胞受到刺激后，不一定只有用户想达到正面的变化，也有可能出现癌变。服用雌激素不仅提高罹患乳腺癌风险，还会有其他的副作用（例如体重增加、月经紊乱等）。

■ 动物性雌激素 vs 植物性雌激素

动物性雌激素主要由羊、猪、牛的胎盘或胸腺萃取，或者从怀孕雌马的尿液提炼取得；至于植物性雌激素则提取自某些植物中类似雌激素的化学物质，这类市售产品常标榜自己成分"天然"或"草本植物提取"等，消费者最常听到的应该就是大豆提取物——大豆异黄酮。而其他含植物雌激素的植物包括：亚麻子、木瓜、茴香、葛根、蜂王浆、红花苜蓿、马鞭草等，因此有人认为吃这些"植物制品"来丰胸比一般雌激素安全。

但不管是植物性还是动物性雌激素，只要在人体内能够发挥刺激乳腺细胞增大的作用，从理论上来说，都同样有增加乳腺癌的风险，同样不能长期使用，尤其是那些家族有乳腺癌病史的高危人群。

常见含高雌激素的美容产品

没有雌激素活性的丰胸产品一定没有功效。

既然说到高雌激素，当然就要来好好介绍一下胎盘素了。

胎盘素，又称胎盘萃取物（Placenta Extract），泛指由动物健康胎盘经生物科技提炼萃取而成的物质，中医药学称为"紫河车"。有关研究胎盘素作为美容精华液的科技始于20世纪的30年代，到了80、90年代，西方国家注射胎盘素更成为有钱人抗衰老、改善肌肤素质的时尚玩意儿。现在最大的胎盘素生产国是日本。

近年因出现注射胎盘素后，产生严重过敏等副作用的案例，医学界也关注到其不明确功效背后的安全问题。再加上利用堕胎出售胎盘的道德性争议，以及染上疯牛病、艾滋病或肝炎等病毒的风险，很多西方国家（包括英国、美国、加拿大、澳大利亚和部分欧盟成员）已立法禁止注射和使用人类胎盘素成分作任何药品。中国大陆和台湾地区也不许可。

话虽如此，坊间仍有大量各种外用胎盘素面霜和相关产品出售，虽然都是取材动物胎盘，当中标榜高浓／纯度的产品也价值不菲。无论是外涂还是口服，我相信使用含胎盘素浓度较高的产品一定有相当功效，因为胎盘素中所含的各种营养素和活性分子，本来就是肌肤自然保湿、抗炎、淡化色素的因子之一，因此在提高保湿、去角质和美白效果上也应该具有一定功效。

而众多胎盘素有效成分中，不可不提的是雌激素（Estrogen），包括雌酮（Estrone, E1）、雌二醇（Estradiol, E2）等。它是肌肤的活化剂，能刺激内部胶原蛋白增生，加速真皮层内结缔组织的新陈代谢，让皮肤更加紧实有弹性，达到抗老化的效用。但正因为这些物质可刺激细胞生长，也可能会出现副作用，令细胞过度分裂繁殖，失去自我控制功能，癌细胞变异也由此演变出来。加上使用者多为中高龄妇女，本身已有较高罹癌风险，受这些物质刺激更容易增加患病机会。

胎盘素使用不当易致癌

由于怀孕期间胎盘大量分泌雌激素，胎盘素中自然含高雌激素浓度。年轻女性体内的雌激素分泌最旺盛，因此皮肤显得特别光滑细腻且充满弹性。但随着年龄增长，雌激素分泌逐渐下降，胶原蛋白和水分大量流失，皮肤便容易出现松弛、皱纹，此现象在更年期或更年期过后女性身上特别明显。

媒体不时会报道有关更年期妇女使用含胎盘素产品出事的新闻，这些"进补出祸"的个案，经由妇产科医生诊断，发现她们的子宫内膜增生变厚，有一些甚至恶化成子宫内膜癌。如前几年台湾地区就有消费者向媒体投诉，说喝了名人代言的胎盘饮品后子宫肌瘤变大。

经调查，这些病例一般都是因病人胡乱购买含过量雌激素的丰胸或胎盘素产品，在服用或使用一段时间之后，体内吸收过多雌激素，而导致子宫内膜增生。遗憾的是，最后大部分都不了了之，商人把钱赚了，但受害者的身体也坏了。医学研究指出，增生的子宫内膜有四分之一机会演变成癌症，胎盘素中的雌激素明显增加女性患上心脏病、乳腺癌及卵巢癌的风险。近年医学界因此认为，如非更年期病征特别严重者，医生用药指引均建议以其他疗法代替服用雌激素。

　　所以看到坊间美容达人和名人极力推荐某某胎盘素与丰胸产品的神奇美容功效，并以大字标题强调含雌激素作噱头时，先不去想她们是否收了广告商的钱发业配文，作者第一个反应是希望她们真的能从科学角度先去了解产品的好与坏，尤其如果她们自己也充当"小白鼠"，更要小心身体，特别是多做生殖系统健康的检查。总而言之，这一类短期服用没有明显功效、长期使用又令人担心的产品，建议女士们最好还是不要碰。健康可贵，千万不可胡乱使用含雌激素的美容产品，花钱买物应该是使生活更美丽，而不是可能使你更糟糕，明智的做法是远离这些产品吧！

新实施、小进步！
台湾地区食药部门2016年起禁售含雌激素化妆品

　　根据台湾地区食药部门所发布资料，市售含雌激素化妆品约有几百件，以用途分为两大类，护肤乳霜类约占三分之二，另外三分之一为洗发水及护发等相关产品，例如资生堂洗面皂、萌发566系列洗发精、台盐弹力精华霜、台盐洗发水、杏辉洗发水、依必朗养发洗发水，以及圣卡提亚睛亮双效眼霜等知名品牌明星商品都在含雌激素名单内，详细产品清单可自行上网查阅。

　　虽然欧盟、东盟、加拿大等多国早已禁止列为一级致癌物的雌激素用于化妆品，但台湾地区过去一直允许这些有料产品在市场上出售，直到近年终于与国际接轨，2016年2月公告化妆品中禁止使用雌二醇（Estradiol）、雌酮（Estrone）及乙炔雌二醇（Ethinyl estradiol）这三种雌激素成分，并自当年5月1日起禁止贩卖、供应相关产品。

　　但其实已知且被大量使用含有雌激素活性成分的物质已经上百种，单单禁用三种并不能帮上大忙，只能说总比没有执行好。希望台湾地区能紧密地参考欧盟其他更多有关于雌激素的标准和管理，积极制定预防和调整标准，以保卫市民大众的健康。

动物实验很残忍？

事实上，

最大的生物测试每天在你我身上上演！

　　如果你相信商业广告告诉你的，在超市、药房或百货公司专柜销售那些化妆品都被证明过是安全的，请再想想，现代所使用绝大多数化学品根本就没测试过对人体健康的影响便推出市场，即使是很基本的中长期影响都欠缺。

　　如果你说自己一向素颜，或者大男人不使用化妆品，请再想一想何谓化妆品。在法律定义上，"化妆品"这个词包括所有你涂上身体不属于药品注册的任何产品。例如染发剂、洗发水、护发乳、沐浴乳、体香剂、防晒霜，甚至洗手液都是法规之内的化妆品，就像口红、粉底、指甲油一样。而最近有项英国调查发现，成年人平均每天使用9种化妆品、126种不同的成分。

　　虽然大量人工合成化学物品借着化妆品的形式，被直接应用在我们的身体上，但我们大多数人在使用这些产品时，通常没有思考它们的安全问题。近年来，有科学研究提出关于化妆品中所使用多种成分的安全性，发现到有不少EDCs成分累积在我们的身体中，而且有些含量意想不到的高。

化妆品能进入身体累积？

　　大多数使用者一定都认为，化妆品只施用于皮肤表面，仅有极少量成分能进入身体，所以无所谓。事实上人们从很多方面接触到化妆品成分，并不自觉地接收那些化学品，包括吸入喷雾剂和粉末，或经由嘴唇、手和皮肤吸收它们。生物监测研究发现，化妆品的成分（如邻苯二甲酸酯类——塑化剂、尼泊金酯类——防腐剂、三氯沙——消毒剂，以及合成麝香和防晒成分）都是男人、妇女和儿童的血液及体内常见的外来污染物，而这些化学物质很多是已知的内分泌干扰物。还有研究发现，接触到人工香料和防晒成分的人出现一些健康问题，包括精子损伤、男婴女性化和婴儿出生体重偏低等。

化妆品中的纳米技术

纳米（nanometer）一词，源于希腊文的"侏儒（nano）"，其粒子极细，普通显微镜难以看见。纳米技术是一门应用科学，目的在于研究物质于极微小的原子和分子规模时，其物理和化学特性与尺寸较大的相同物质极为不同，因而重新设计、组成材料，以获取特定的应用性。

1纳米（nm）＝千分之一微米（μm）＝百万分之一毫米（mm）＝十亿分之一米（m），外行人可以将它理解为超级微小的东西（人的一根头发大约是八万纳米直径）。化妆品通常含有吸收促进剂，使成分更深入地渗透进皮肤，以加强功效。

近年来，"纳米"在化妆护肤产品界超级火，相信大家都听过，甚至可能早上不自觉地用过有纳米成分的产品，因为纳米粒子几乎已经进入市场上所有个人护理产品，包括止汗剂、肥皂、牙膏、洗发水、护发素、防晒霜、抗皱霜、保湿霜、粉底、痱子粉、口红、眼影、指甲油、香水……

俗语常说"病从口入"，意指吃下不洁或坏掉的东西导致生病。坏东西从口腔到肠胃吸收，一般要花上数小时其分子才被分解消化传送到血液中；但纳米技术的出现完全改写传统理论，因为纳米单位比皮肤的毛孔小十万倍，这意味纳米粒子很可能长驱直入我们的身体，穿过皮下微血管，直接进入血液中，渗透速度比吃下肚的东西快很多。细心的读者看到这里或许就会明白，为什么新型避孕贴片只是贴在皮肤表面，避孕效果和口服避孕药一样高达99%；还有，为什么纳米级二氧化钛及氧化锌会被广泛用于防晒霜。

纳米技术是好是坏？

我恳请大家要特别注意那些吹捧使用纳米粒子、纳米材料和纳米技术的个人护理产品。因为这种新兴技术就像基因改造食品，几乎完全未经过对人类健康影响严谨的安全测试，法律也没有要求做任何测试或标示，这些产品便大量推出市场。而这也意味着你体内可能会每天接触或摄取到不少纳米成分的剂量而毫不知情。前段提到的二氧化钛和氧化锌纳米分子常用于防晒霜，但已有科学研究表明使用它们会令体内产生有害的自由基，导致DNA损伤并引发细胞毒性。尤其是当暴露在紫外线下，产品中使用纳米粒子可能造成皮肤严重损伤，而不是为我们提供防晒保护。

现行与化妆品相关的纳米技术法规和管理

全球最严谨的欧盟化妆品法规也只在2013年年底开始要求，凡是要销售含有纳米物质的化妆品，厂商须于上市前6个月向执委会通报，并将所有以纳米形式出现的成分清楚标示于产品标签上。某些特定的纳米物质，例如可作为紫外线散射剂的防晒成分，更需要获得执委会允许，才能在欧洲市场上销售。目前为止，欧盟执委会只批准了一种可作为紫外线散射剂的二氧化钛（Titanium dioxide）；但在亚洲，如日本、印度、中国台湾、韩国、泰国和中国香港都没有规划具体的纳米技术监管措施，只是在等待和准备参考欧洲和美国的法规，作为自身发展的立法基准。在制度层面，他们都积极地开展了一些研究项目，比如台湾地区环保部门从2003年至今已研究超过10年了，但还是停留在项目规划的层面，换句话说，商业和科技的应用发展走得比法规管理快了许多，想保护自己和家人，避开纳米微粒及纳米物质对人体健康及环境造成潜在冲击，只能自求多福。

其他一般化妆品法规和检测

化妆品在美国的监管相当宽松，虽然是由权威的美国食品和药物管理局（FDA）监管，但相比食品和药品，除了被禁止或严格限制的9种化学品和色素添加剂是相对严格监管外，化妆品很少接受政府审查。这意味着几乎什么成分都可以放进化妆品，而没有安全测试和在产品包装纸列出的必要，无论是向公众出售成品或化妆品成分，都不需要审查或通过FDA认证。FDA也没有法定权力要求企业在化妆产品上市前做任何的安全性测试，消费者只能信任制造商自己进行的安全评估，这些事实你们知道吗？

根据美国著名环保组织EWG网站Skin Deep的报告，大部分市售化妆品、玩具、服装、地毯或建筑材料中使用的化学品，都没有任何完善的安全测试或美国联邦法律批准的要求，理由十分简单，因为化学公司需要就每个新产品，像药物一样投入巨大费用和时间，而那些公司宁愿利用政治压力和花钱在市场推销，有预谋地精心策划，避免其产品需要被监督和测试。这在很大程度上解释了为什么不安全的产品（如有毒的喷雾定型液、染发剂、奶嘴，驱虫剂，胶水和儿童玩具）常在市场上流通多年后才被发现。

化妆品规管在欧洲较为严格，开始生效于2013年7月一项新的法律（EC No1223/2009），要求制造商提供最少10项产品安全资讯，以及4项实验评估相关报告，当中的毒性安全要求，明确禁止使用已知、可疑或可能诱变致癌与生殖毒性的物质于欧盟生产及销售的任何化妆品。据我了解，现在有很多发展中国家的代工厂商都因不符合新欧盟规则，被迫转到要求较低的内需市场和其他国家销售。

右图显示在美国的高产量化学品是否有针对不同的健康影响进行测试的百分比，可悲的是大部分都未经过测试，而许多化妆品（如闪闪发光的眼影、止汗剂、指甲油等）都含有具有生殖毒性的塑化剂，由于暂时没有针对人类的长期毒性数据可作为是否安全的参考，竟然用几十年前香烟公司对大家坚称尼古丁是"安全"的那套论调来说服消费者，不好笑吗!?

未进行多项指标测试的百分比

产品标签（成分标示）

大家或许认为化妆品包装上的标签能提供少许安全保障的信息，但现行标签设计重点只在提醒使用者避免不当使用产品，最常出现的警语如"此产品含有易燃成分，使用时请勿吸烟或远离火种"等。当然这些标签也包含主要成分列表，一般行业做法是按成分的含量比重依先后次序列出，含量越高的通常列在越前面，细心的消费者会发现日用品中"水"的成分通常占很大比重，所以常被列于成分表较前面的位置。

先不讨论并非所有国家 / 地区规定都要求列出化妆品与日用品成分（如中国香港和美国就没有相关法规要求），即使是有要求列出，制造商也可以多种方式从列表中隐藏其特定成分：只要把它们列为"香料"或"调味料"（世上有上千万种化学香科，具有内分泌干扰功能的塑化剂，就是使用非常广泛的一大类），或者声称它们是一个不能公开的商业秘密。

再加上厂商会列出许多很复杂的名称，如Octyl Methoxycinnamate（甲氧基肉桂酸辛酯）或4-Methylbenzylidene Camphor（4-甲基亚苄基樟脑），看起来很复杂、一般人永远不会发音的成分，原来那都是目前市场上用最多的化学性紫外线吸收剂，它们在欧洲都被列在第一类危险名单17种内分泌干扰物之中。甚至是有些大家耳熟能详的成分，也被商人故弄玄虚变成较长的化学名称，如25-hydroxycholecalciferol（其实只是维生素D化合物）和2,6,6-trimethyl-1-cyclohexen-1-yl（维生素A），这些繁长的名称不要说是一般老百姓，就算是化学专业人员也未必一眼看得懂，消费者在购物时又能做哪些判断呢!?

"有机"在食品和美容护肤品截然不同的行规

在2012年有机个人护理产品全球市场价值已超过70亿美元，请大家注意那些声称"天然"或"有机"的化妆品，不像适用于食品行业相对清晰的"有机"概念，因为化工产业并没有为"有机"作任何正式的定义，且商人经常以误导的方式使用，标示"有机""天然"的产品也可能含石油化工成分，那些通过所谓"有机认证"的产品或许只含重量或体积10%的有机成分。以不少台湾人都爱用的无患子、何首乌和生姜洗发水为例，搜寻了一下，看到市面有很多无患子洗护产品，包装以大字标题强调：欧盟有机认证——无患子橄榄精萃×××洗发水。仔细一看，这个"有机"指的是"有机橄榄油"！上面未标明含量百分比，当然"有机"也跟无患子一点关系都没有。所以在相关消费法规管理未完成之前，所谓有机美容护肤品中标榜天然来源的或许只是部分原料，可能仍然包含人工合成的成分。在没有更多的信息和说明下，这些所谓"有机"的术语并不能帮助大家去评断化妆品的安全好坏。

消费者能做些什么?

在世界任何地方虽然还没有标签法可以监控纳米技术在各类型消费品的存在,但请尽可能避免使用广告宣传标榜纳米技术或纳米成分的个人护理产品。还有一件事你可以做:**联系化妆品公司客服部门,询问他们是否在你常用的产品中使用纳米技术。如果是的话,让他们知道你不会再购买该公司产品,或只选择其他没有使用纳米技术的竞争品牌,直到他们除去纳米成分。**

尽管有很多护肤产品和化妆品已成为大家日常必需,但是如果可以,还是建议避免使用任何不必要的化学品(特别是那些大量和长期使用于我们身体上的)。不购买或不使用化妆品不会是大多数人的完整解决方案,所以我们作为使用者,剩下的选择就是多做功课去挑选更安全的产品,以及支持更多推进监管和企业责任的品牌。

购买前做功课

大家可以阅读产品标签上的成分标示,留意是否含书中所列那些已知的危险成分,但是请记住,邻苯二甲酸酯(塑化剂)是很少被明确标示的。而不同出版品中的建议或许不尽相同,你也可以参考外国非政府机构的建议指南,作者认为以下几个来源是相对可靠的:

➡小鱼亲测平台 https://www.fishqc.com/tra/

➡世界绿色组织产品"正面清单"http://wgo.org.hk/whitelist/en/

➡至http://www.thinkdirtyapp.com/下载使用"THINK DIRTY"

➡至http://www.ewg.org/skindeep/线上检索超过74000种化妆品和个人护理产品

此外,美国The Green Guide(http://www.thegreenguide.com/)推荐的部分品牌如Aveda、Real Purity、LOGONA(诺格那)和Sante Cosmetics等,即使有些品牌没有亚洲代理商,大部分产品都可以通过网上平台订购。

◆ ◆ ◆

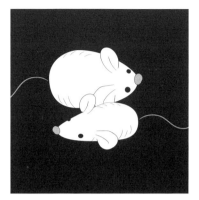

生活中的化学物质
是如何与肥胖和糖尿病产生联系的?

　　现代世界健康难题之一，就是为什么我们人类的体重不断地增长，北美地区的人口50%以上有超重或肥胖问题，而且这个数字预计会再往上攀升；亚洲人的肥胖问题也越来越严重。一般情况下，专业人士会说你一定是吃太多或缺乏运动，甚至是家族遗传的结果。

　　上面这两只可爱的小白鼠也许提供了一个新线索。

EDCs触发小白鼠的胖细胞

　　新的科学研究发现，暴露在塑料材料、化妆品和工业中的化学物质，如双酚A、杀虫剂和除草剂，可能会在胎儿发育过程中改变我们身体脂肪细胞的生理机能。也就是说，使我们更容易发胖，未来也容易发展成糖尿病。

　　两只小白鼠拥有相同的基因，在同一个实验室长大，并给予同样的食物和运动机会。然而，长大后下方小白鼠是苗条的，上方那只则肥得像大肉团。唯一的区别是，上方小白鼠出生时接触了仅仅十亿分之一（1ppb）的内分泌干扰物。在短暂的接触中，化学物导致正常小鼠身体触发更多脂肪组织生长，尽管之后没有再接触化学物，在热量摄取和消耗也无显著差异下，额外的脂肪细胞仍继续使小鼠肥胖。科学家进而认为，一些令人震惊的统计数字，例如超重婴儿在美国的数量于短短20年内上升了74%，跟接触环境激素（EDCs）是有直接关联性的。

最新肥胖科学讨论焦点——环境激素

　　许多肥胖率增加背后的因素，比如饮食、运动和生活方式，早已是众所皆知。但有关"环境激素"这个新因素，知道且了解它的人却很有限。我们每天经由塑料制品、食品包装、美容护肤品，以及可能残留农药的农产品，所接触到的化学物质，已成为最新肥胖科学讨论焦点，越来越多的研究发现，日常生活的化学物质会引起肥胖。

科学家们企图利用小鼠和大鼠的动物研究，设计最可能且安全的实验在人类身上检验这个理论。美国加州大学细胞生物学教授布鲁斯·布伦葛（Bruce Blumberg）也是研究EDCs如何触发增加动物体内脂肪的研究人员之一，他认为动物出生前曾暴露于这些化学物质中，其代谢机制会被重新编制，即使未来生活中从未再次接触，他们也同样会发胖。布伦葛教授甚至创造了一个新词"Obesogens——环境肥胖因子"来形容促进体重增加的化学品。

环境肥胖因子可能让你先天胖

现有主流研究肥胖，都是连接到食物摄取和能量输出之间的不平衡。但环境肥胖因子的相关研究表明，环境激素可能会在我们身体中产生更多的脂肪细胞，并允许现有的脂肪细胞再额外吸收且变得更大。布伦葛教授尤其关注出生前暴露（Prenatal Exposure），环境肥胖因子可能会导致一个在妈妈体内发育中的胎儿，先天产生更多脂肪细胞，最终发育成一个终身倾向积累脂肪和相对容易肥胖的身体。

化学"肥"料是全球性议题

在美国，政府一系列针对肥胖的政策在过去两年都承认，需要做更多环境肥胖因子和过度暴露于环境化学品的研究。生态学家早在2006年首次谈及有关于"Obesogens"这一概念；2013年相关话题继续被欧洲、美国医学界广泛讨论及覆盖；由加拿大广播公司（Canadian Broadcasting Corporation, CBC）制作的一部获奖纪录片"Programmed to be Fat?"更成为全球英语世界的主流话题。片中指出现代人正活在环境肥胖因子和吃垃圾食品（许多快餐和小吃）双重影响风险下，有不少肥胖人士尽管减少脂肪摄取，但仍然没办法改善肥胖问题。

◆ ◆ ◆

纪录片*Programmed to be Fat*？带出的问题讨论

问：怀孕期间母亲接触环境激素会如何影响孩子将来肥胖的机会？

从本质上来说，这些干扰内分泌的化学物质会模仿天然激素，进入母体后，通过胎盘进入胎儿体内影响代谢系统。孩子是胖或瘦，取决于激素受体告诉身体生产多少脂肪细胞，而动物实验肯定了这些看起来像激素的环境激素可以直接影响激素受体。

问：假如婴儿出生后才暴露于环境化学品，是否同样会增加发胖的倾向？

这些环境激素能影响激素受体和内分泌系统的正常工作，一直到青春期结束。它们可以改变脂肪细胞在体内的数目，以及身体每个脂肪细胞的脂肪储存量。

问：那些研究人员设计的老鼠实验能够重复且结果一致吗？

研究人员给怀孕小鼠接触微量（1~2ppb）内分泌干扰素（双酚A），结果一次又一次发现它们的后代会比对照组小鼠肥胖。

问：这些科学理论已经完全确立了吗？

仍然没有！

但是加拿大麦克马斯特大学（McMaster University）的研究人员埃利森·荷路威（Alison Holloway）认为"这些化学物质能够导致肥胖的说法"已经通过动物试验并且显得非常合理。然而，重点在于发现某些化学物质拥有内分泌干扰特性，如果我们不是非要那些化学东西不可，我们就应该尝试避免去接触。

问：为什么化工产业不赞同纪录片中提及的研究结果？

这似乎永远是一个鸿沟。由商业公司支持的研究，和由独立学术研究人员完成的结果，在各个科学研究主题都一直存在各自阐述的现象，而这个情况在香烟和牛奶研究领域更糟。

问：极微量的环境激素怎么可能会有这么大的影响？

这是我们动物基因的作用机制。激素受体只要接收非常小的响应信号，便能够执行身体各个复杂的工作。但更重要的考虑是，什么时段与对象暴露于这些环境激素。有一些人群相较于其他人群更容易因接触EDCs而受到长远的负面影响，特别是有关生殖系统发育。其中最受影响的人群包括胎儿、初生婴儿，还有青春期少年。

问：这是否意味着无论怎么努力管理饮食和运动，你都不能减肥？

肯定不能用这个借口！环境激素只是肥胖众多已知原因之一，它们可能会加剧暴饮暴食和不运动的双重影响。

问：环境激素在整个肥胖难题的实际作用能具体量化吗？

目前没有研究人员能够回答这个问题，但是大型不同族群人体研究已经在进行。像是加拿大政府有一项环境化学对母婴影响研究（The Maternal Infant Research on Environmental Chemicals, MIREC），监测对象是2000名孕妇和出生的小婴儿。这项研究是通过血液、尿液、脐带和母乳样本寻找其中的化学物质，而且不仅是研究肥胖，研究人员也希望在孩子出生以后，持续追踪数年时间，使他们可以看到孩子身体的脂肪比例和化学品到底有什么关系。

问：孕妇担心的事情真的很多，她们要怎么做才能保护自己和婴儿呢？

其实很容易，比如尽量不去碰那些可能含双酚A的感热纸发票或单据；尽可能少吃罐头食品和加工食品，微波食物时不要用塑料容器装盛，避免使用塑料水瓶等。

近几年食安事件连环爆，从塑化剂、毒淀粉、棉籽油，再到地沟油、毒鸡蛋等事件，严重打击消费者的信心。"到底还有什么东西能吃？"这问题问得真的很无奈，毕竟民以食为天，谁都想吃得安心，不是吗？

在前面专题讨论中有提到一个重点，你是否注意到了？"发现某些化学物质拥有内分泌干扰特性，如果我们不是非要那些化学东西不可，我们就应该尝试避免去接触。"其中，口香糖就是一例。

BHA和BHT——口香糖中常见的内分泌干扰物

丁基羟基茴香醚（Butylated hydroxyanisole, BHA），食品添加物代码E320；2,6-二叔丁基对甲酚（Butylated hydroxytoluene, BHT），食品添加物代码E321，都是十分常见的抗氧化剂或防腐剂。虽然BHA和BHT被欧盟评为雌激素干扰素，甚至被世界卫生组织和美国环保署标记为潜在致癌物，可悲的是在很多国家它们仍然被允许使用于某些常见的食物，如汤、调味酱汁、肉类制品、油和口香糖，甚至在饲料、食品包装、化妆品、橡胶制品和石油产品中都有它们的踪影。

肝脏是人体主要的排毒器官，帮助我们的身体代谢或排出有毒物质，BHT和BHA这些人造化学物不容易被肝脏分解，还会累积储存在体内，与其他EDCs产生"混合鸡尾酒效应"，会慢慢地损害我们的健康细胞，使器官组织退化，导致与生活饮食相关的疾病。

所以，想要安心吃，最终还是要自己先动起来！立即检查一下厨房、冰箱、药品柜，还有浴室和化妆台的抽屉，里面有多少产品成分标示包含这些"防腐剂"，并且告知你们的家人和朋友不要考虑再次购买！

下表所列为香港地区市售的口香糖品牌，部分以浅蓝色底标示者为含有BHA或BHT相关产品：

■ 香港地区市售口香糖列表

公司	类别	品牌	口味	E320	E321
5 citrus	口香糖		蓝莓 (Blueberry)		∨
5 citrus	口香糖		薄荷 (Peppermint)		∨
Impact	糖	Flavoured Mints	强劲薄荷 (Peppermint)		
Impact	糖	Flavoured Mints	清香薄荷 (Spearmint)		
Impact	糖	Sugar Free Mint	黑加仑子 (Blackcurrant)		
Impact	糖	Sugar Free Mint	纯薄荷 (Fresh)		
Impact	糖	Sugar Free Mint	水蜜桃薄荷 (Peach Mint)		
Ricola利口乐	糖	Candy Drum	柠檬香草 (Lemon Mint)		
Ricola利口乐	糖	Candy Drum	原味香草 (Swiss Herb)		
Rio	糖		红葡萄 (Burgundy Grape)		
Rio	糖		皓洁冰爽 (Frosty)		
Rio	糖		香浓哈密瓜 (Honey Melon)		
TicTac爽口糖	糖		薄荷 (Freshmint)		
TicTac爽口糖	糖		清香芒果 (Mango)		
TicTac爽口糖	糖		橙色 (Orange)		
Wrigley箭牌	糖	易极Eclipse Mint	青苹果 (Apple)		
Wrigley箭牌	糖	易极Eclipse Mint	黑加仑子 (Blackcurrant)		
Wrigley箭牌	糖	易极Eclipse Mint	超强薄荷味 (Intense)		∨
Wrigley箭牌	糖	易极Eclipse Mint	冰极柠檬 (Lemon Ice)		
Wrigley箭牌	糖	易极Eclipse Mint	青柠薄荷 (Limemint)		
Wrigley箭牌	糖	易极Eclipse Mint	香橙薄荷 (Orange)		
Wrigley箭牌	糖	易极Eclipse Mint	薄荷 (Peppermint)		
Wrigley箭牌	糖	易极Eclipse Mint	清香薄荷 (Spearmint)		
Wrigley箭牌	糖	易极Eclipse Mint	冰凉薄荷 (Winterfrost)		
Wrigley箭牌	糖	益达Extra Professional	西瓜 (Watermelon)		
Wrigley箭牌	糖	益达Extra Professional	薄荷 (Peppermint)		
Wrigley箭牌	糖	益达Extra Professional	热带水果 (tropical Fruit)		

续表

公司	类别	品牌	口味	E320	E321
Wrigley箭牌	糖	益达Extra Professional	清香薄荷 (Spearmint)		
Wrigley箭牌	糖	益达Extra Professional	野莓 (Forest Berries)		
Wrigley箭牌	口香糖	劲浪Airwaves	黑加仑子 (Blackcurrant)		v
Wrigley箭牌	口香糖	劲浪Airwaves	激爽冰柚味 (Citrus Blast)		v
Wrigley箭牌	口香糖	劲浪Airwaves	柠蜜味 (Honey & Lemon)		v
Wrigley箭牌	口香糖	劲浪Airwaves	冰提子 (Ice Grape)	v	v
Wrigley箭牌	口香糖	劲浪Airwaves	冰爽浪 (Ice)		v
Wrigley箭牌	口香糖	劲浪Airwaves	超凉薄荷 (Menthol & Eucalyptus)		v
Wrigley箭牌	口香糖	劲浪Airwaves	热情果味 (Passionate Fruit)		v
Wrigley箭牌	口香糖	劲浪Super	野莓味 (Berry Flavor Sugar Free)	v	v
Wrigley箭牌	口香糖	劲浪Super	超凉薄荷 (Menthol & Eucalyptus Sugar Free)	v	v
Wrigley箭牌	口香糖	绿箭Doublemint	薄荷 (Peppermint)		v
Wrigley箭牌	口香糖	益达草本精华 Extra Herbal Xylitol Sugar Free	金银花/菊花/罗汉果 (Honeysuckle Flower & Chrysanthemum & Lo Han Kuo)		v
Wrigley箭牌	口香糖	益达Extra Professional	柠檬薄荷 (Clean Lemon Mint Flavor)		v
Wrigley箭牌	口香糖	益达Extra Professional	苹果青柠 (Clean Apple Lime)		v
Wrigley箭牌	口香糖	益达Extra Professional	清香薄荷 (Clean Spearmint)	v	
Wrigley箭牌	口香糖	益达Extra Professional	强劲薄荷 (Clean Peppermint)	v	
Wrigley箭牌	口香糖	益达Extra Professional	含钙 (Plus Calcium Sweetmint Sugarfree)		
Wrigley箭牌	口香糖	益达WHITE Extra White	冰极薄荷 (Cool Mint)		v

公司	类别	品牌	口味	E320	E321
Wrigley箭牌	口香糖	益达WHITE Extra White	柠檬香梨 (Lemonlime)		v
Wrigley箭牌	口香糖	益达WHITE Extra White	薄荷 (Peppermint)		v
Wrigley箭牌	口香糖	木糖醇Xylitol sugarfree	蓝莓 (Blueberry)		v
Wrigley箭牌	口香糖	木糖醇Xylitol Sugarfree	柚子芒果 (Grapefruit Mango)		v
Wrigley箭牌	口香糖	木糖醇Xylitol Sugarfree	蜜瓜 (Melon Flavour)		v
Wrigley箭牌	口香糖	木糖醇Xylitol Sugarfree	蜜桃 (Peach Mint)		v
Wrigley箭牌	口香糖	木糖醇Xylitol Sugarfree	柚子 (Pomelo)		v
Wrigley箭牌	口香糖	木糖醇Xylitol Sugarfree	草莓 (Strawberry)		v
Wrigley箭牌	口香糖	木糖醇Xylitol Sugarfree	清甜薄荷 (Sweetmint)		v

上述列表的调查结果发现有五成左右不同品牌不同包装的口香糖成分含有BHA和BHT，主要来自箭牌。但是另外一半类似产品却没有这些化学添加，只要稍微对照一下，消费者就应该知道如何选择。

但我们也不禁要问：真的有必要在消费品中添加这些化学物质吗？肯定没有，并且已经有相对安全和成本相近的替代品能够使用，在这种情况下，消费者应要求生产企业为他们加快改善行动。

我们真的需要喝牛奶吗?

喝不喝牛奶看个人选择，但确定的是，牛奶一定含有性激素。

天然牛奶中含有微量内源性的性激素（如雌激素及黄体酮），由于很多性激素都是脂溶性的，所以脱脂牛奶的激素含量会比全脂的少一些。哺乳类动物为了维持正常的新陈代谢和生理功能，

都需要有这种天然微量的内源性性激素，而动物体内的激素浓度受到品种、年龄、生理变化，包括饲料以及气候、季节等影响不断地变化，但通过喝牛奶摄取这些天然微量的性激素，一般来说不会对人体的健康产生危害。

■ 人为科技生产的高激素牛奶

牛奶雌激素含量安全吗?

我相信奶牛养殖业者都会为追求更高的产奶量，获取更高的利润，想尽办法改变千百年传统的奶牛养殖方法。

有的为增加牛奶产量，用含动物蛋白的高蛋白饲料（疯牛病起源）取代牧草饲养，这些高蛋白饲料增加了奶牛体内的雌激素含量，并有可能因此增加牛奶中的雌激素含量。有的生产者不断为奶牛进行人工授精，令其整个怀孕期间持续分泌乳汁，特别是妊娠后期，雌激素浓度显著提高（牛奶中的雌激素含量当然也随之增加），仍然取高激素奶制作成商品出售。

更普遍的做法是为奶牛直接注射激素催乳剂，人工诱导奶牛泌乳，这些由实验室制造、与天然性激素功能相似的化学物，又称外源性性激素（同是EDCs），对公众潜在健康影响最大，虽然部分外源性激素已知可令人类致癌，但由于其数量及种类极多，科学界所知有限。这类性激素通常用于动物

或人体内做医学或其他用途，例如外源性性激素有时会用来刺激排卵，有助怀孕。原则上，良好的饲养规范应确保奶牛在接受注射外源性激素后，短期内所产的牛奶不会用于商业用途，但依赖商人自律可靠吗？金钱的利诱加上不当地利用先进科技，改变并破坏了传统、天然好东西。

■ 检测牛奶中激素的迷思

奉行自然医学疗法的读者对"牛奶是给牛喝的"法则没有异议，一般而言都会呼吁家人朋友为健康着想——勿喝牛奶及其制品。其他有关牛奶的负面研究报告也在全球医学期刊陆续发表，其中以哈佛大学公共卫生学院的研究较为大众所熟悉，其大力建议家长们给他们的孩子喝有机豆奶及豆制品（能给婴儿喂养母乳当然最好）；而前几年法国科学线记者蒂埃里·苏卡（Thierry Souccar）撰写《牛奶，谎言与内幕》（*Lait, Mensonges et Propagande*）一书出版后更震撼整个乳品工业。

以上这些目的都是提醒大家预防自己和孩子长大后因喝牛奶而引致过敏、骨质疏松、癌症、心血管疾病、肠胃疾病等众多文明病。作者无意再去引述那些科学研究报告和书本内容，有兴趣的读者请自行阅览有关资讯，在此谨希望先教导读者对于检测牛奶中激素（通用于所有其他食用品）一个非常重要的迷思——传统化学检测（Testing 1.0技术）的局限性。

■ 传统化学检测（Testing 1.0技术）的局限性

气相层析质谱仪（简称GC-MS）和液相层析质谱仪（简称LC-MS）是当代常用于食品和药品化学检测的仪器，对已知物质的检测结果非常精准可靠，但当它们碰到那些"创意无限"的奸商，对上食物用品中各种"莫名其妙"的添加物（一些无从稽考的化学物质），再精准的仪器顿时也发挥不出作用。

说到这里，我常用以下故事作简单比喻，希望读者明白个中道理：

我和情敌A先生同时追求一名女子。有一次，A先生知道我首次成功约到女子共进烛光晚餐，特意送我一瓶水，声称喝了后能马上变得更英俊潇洒。我半信半疑，害怕他不怀好意，就把水拿到第三方化学实验室做化验，让他们分析一下里面有什么有害物质。实验室的职员问我要测试什么项目？我跟一般市民大众一样回答说："测水有没有毒。"职员看似为难地问我打算花多少钱做检测？由于我并没有太多预算，而测试表格上的收费是按每种化学物质项目分开计算，最终在职员的建议下，我的预算只够测试最常见的三个标准重金属。过了几天，化验报告精准定量地列出"所有"检测项目都正常，合乎安全标准。我很高兴，回家后喝掉了剩下的那瓶水，结果我肚子痛了三天三夜，烛光晚餐也去不了。

聪明的读者或许已经明白为什么我会肚子痛，那肯定不是我花钱检测的三个重金属残留所致，而是我没有检测的其他不明物质。我没测其他物质的道理很简单，就是因为每次花大量人力、物力对每个样本进行一百多个化学物质项目的化学分析，从经济学角度并不可行。

小科普 **定性 vs 定量**

随着科学的发展，很多人认为科学是无所不能的，尤其通过"化学分析法"可以"轻而易举"知道几乎所有物品中的化学成分，但事实上并非如此。通常说的化学分析其实可分成两种：

监测型（定量）：检测前明确知道需要分析的物质是什么并进行精确定量。

研究型（定性）：检测的目的是尝试找到起作用（肚子痛）的物质是什么。

具体地说，监测型化学分析的思路是按照所谓行业或政府部门所订立的标准，只会根据标准要求的化学物质做分析；研究型化学分析则是通过各种方法希望找到可能的目标物质，这种"大海捞针"的科学研究自然要比"有目标"的监测分析要难很多。

◆ ◆ ◆

根据故事情节，我当然想知道那瓶水里面导致我肚子痛的有害物质是什么。注意，过去几年所发生的食品安全问题，那些后来才被发现有害的物质不一定都在标准检测目录上。这就意味着化学家需要把已知的成千上万种有潜在毒性的化学物质都检测一遍（先定性），才有机会找出害我肚子痛的元凶做定量。最理想是根据一些其他已知证据缩小研究范围（目前已知毒性明确的化学物质最少有6000种），例如针对有文献记载在动物或人类体内会导致肚子痛的化学物质进行筛选，这还不包括属于生物测试的细菌种类。

套用我的笑话，如果有证据表明水中的有害物质只是重金属（已定性），那我只需要把其他常见的若干种重金属检测一遍，基本上就可以很经济地找出肚子痛的源头并知道其含量。但现实生活中一般的实验室只做相对简单得多的已知物质监测型定量化学分析，对于任何未知、非法规列管要求的物质未有把关，而EDCs就是最严重的漏洞。

接下来我想带大家回顾两件更热门的新闻话题，借以导出传统化学检测技术的盲点——

【新闻回顾1】继三聚氰胺奶粉事件的"大头婴儿"和"结石宝宝"之后，2010年8月我国多个城市传出有女婴出现性早熟症状，媒体报道称某婴幼儿奶粉含过量雌激素或许是元凶。虽然没有实质证据支持这些报道及传闻，我国卫生部最终也声明该奶粉与女婴性早熟并无关联，但它却引起社会各界对牛奶中雌激素含量的关注和讨论，并凸显出以下几点：

一、虽然国际（包括中国）一般会严格管制甚至禁止食物中出现这些外源性激素，理论上奶粉里"一点含量都不能有"，因此乳制品的检测标准并不涉及激素（未检已假设没有），造成监管上的灰色地带。

二、天然内源性雌激素虽然不多，但人工合成的外源性雌激素化合物有成千上万种，即使针对性早熟事件由国家单位做检测，发表的结果也只提及检测的两种外源性雌激素（己烯雌酚和醋酸甲孕酮）、两种内源性雌激素（17β-雌二醇和雌酮）和两种孕激素（孕酮和17α-羟孕酮）都在安全范围，并下结论说某牛奶与性早熟无关。为什么没有检测其他上万种的人造性激素呢？它们不是都有性激素活性吗？这绝对是无视研究型科学的求真精神。

三、从事件分析，女婴因摄入不明外源性雌激素而出现性早熟症状是不争的事实，作者暗想如果自己是无良奶农，长期大量使用雌激素增加奶牛产奶量，市面上有上万种具雌激素功能的人工合成化合物可选择，我会愚蠢到拿政府部门名单中会检测的去用吗？当然不会吧！商业运作和科研进步一定比政府法规更新和修订都快。

四、当时我国疾病预防控制中心和食品安全检验的专家都坦言，要把牛奶中的激素纳入日常化学检测范围是复杂且需要非常高成本的，随着检测技术的发展，可能有很多过去未知的东西会不断地被发现，所以政府今后也会有一定的投入做这方面研究。然而事件淡去，检测法盲点直到现在都未见改善，EDCs在食品中对大众的潜在毒害并没有被解除。

【新闻回顾2】2013年11月底（作者当时正在台北），台湾地区《商业周刊》以"牛奶骇人"为封面标题，根据大学教授所做的研究，指当地市占率超过六成的知名品牌鲜乳竟被验出含违法动物用药残留（不少都属于EDCs），包括抗生素、塑化剂、避孕药、雌激素、镇静剂与抗抑郁药等，事件震惊全台湾地区，也同时严重影响奶农与乳品企业的声誉和产品销路；随后数天更出现官方与周刊检测结果南辕北辙，双方学者各说各话的混乱情况。作者虽然认同当局指出周刊所提供的实验过程和报告资料不尽完备，因而降低其可信程度，但其中内容夹杂了很多科学难明的专业词汇和概念，令一般市民大众更难理解和判断谁是谁非，并再一次突出传统化学检测技术的盲点：

一、请注意双方都强调使用极高精度的化学分析仪器（GC/LC-MS）。结果周刊发现牛奶样本含有一大堆包括抗生素、抗抑郁药、止痛剂、人工雌激素与避孕药的代谢物，目的都是要凸显喝了这些"加料奶"会对饮用者（特别是对小孩）有害，这或许是大众比较能理解和接受的信息；而当局的立论是所检出代谢物无法直接推论源头是何种物质，当局是按标准（监测型）去检测一些他们原来关注的药物（非代谢物），即使牛奶真的含有周刊所列出的代谢物，既不代表也不确定喝了有害。最终讨论代谢物在牛奶中是有害还是无害都已经超出化学分析的领域。

二、要判断任何一种物质到底有效（正面）或是有毒（负面），其中一个非常重要的指标是它在生物体内的活性作用，并非单纯用化学方法去量化所知有限的物质，特别在多于一种或新化学物的混合物中，仪器是不会也不能告诉我们肚子疼还是头晕。例如有吃保健品习惯的朋友会选购"生物活性成分"含量较高的产品，而服用避孕药的女性当然也不希望所用的产品活性成分不足而"弄出人命"，生物活性是生物学的整体作用概念，生物学家通过假设实验，观察因果关系去探究和反推每项生物体内奥妙的作用和理论。

三、随着生物科技的进步和保护动物原则的风行，现在已经有很多成熟和国际认可的生物测试替代方法（Alternative methods）先去为潜在有毒物质定性，再定所谓"当量"（Equivalent）。以"牛奶骇人"报道中一个被检出所谓有害物质的人工雌激素为例，本书一再说明已知有雌激素活性的物质有成千上万种，再加上不断有新的化学物质推出市场应用和混合效应，如果我们真的想以传统化学检测去说明牛奶中没有人工雌激素，根本不适用也不可能。相反地，使用生物检测技术量度在牛奶产品中激素活性和其当量[18]，倘若结果显示有非常高的雌激素活性，虽然不知道是什么雌激素或其他物质导致，还需要研究型化学分析之后去找出具体物质，但这说明了样本有太高雌激素活性是有问题的，已初步有效且清楚地了解那些样本的潜在风险。

四、遗憾的是整个"牛奶骇人"事件在作者眼中只是使用化学检测存在先天盲点而引申的无谓争论，对于主管机关在下游消费面抽验食品，既未提出有关如何更好地结合生物和化学检测的议题，也没有从上游全面为民众食物安全把关的新建议。

五、类似的研究检测其实在2011年已有先例，并且刊登在国际知名学术期刊《农业和食品化学杂志》（*Journal of Agricultural and Food Chemistry*）上，当时英国《每日邮报》（*Daily Mail*）报道有关西班牙和摩洛哥科学家联合的检测结果（见下表）更惊人，一杯牛奶居然能验出多达20种包括止痛药、抗生素和生长激素等化学残留，所以台湾地区的发现并非新鲜事。

---

18 雌激素当量（Estrogen Equivalent）：即样本所表现出来的总体雌激素活性相当于多少雌二醇所具有的雌激素活性。世界上有很多雌激素类物质，每种所具有的雌激素活性各异，且通常都以混合物形式存在。雌二醇是大家都非常熟悉的女性激素，将样本的总体雌激素活性表达为雌激素（即雌二醇）当量，有助于人们对该样本的潜在雌激素效应进行安全评估，概念类似我们计算不同食物中的热量。

■ **你的牛奶里有些什么？**

化学品	用途
尼氟灭酸 (Nifumic acid)	抗炎镇痛剂
甲芬那酸 (Mefenamic acid)	抗炎药
酮基布洛芬 (Ketoprofen)	抗炎药
克他服宁锭 (Diclofenac)	抗炎药
保泰松 (Phenylbutazone)	抗炎药
氟苯尼考 (Florfenicol)	抗生素
雌酮 (Estrone)	天然激素
雌二醇 (17β-estradiol)	性激素
炔雌醇 (17α-ethinylestradiol)	类固醇激素
萘普生 (Naproxen)	抗炎药
氟胺烟酸 (Flunixin)	抗炎药
乙胺嘧啶 (Pyrimethamine)	抗疟疾药
甲氯芬那酸 (Diclofenac)	抗炎药
三氯沙 (Triclosan)	抗真菌药

我对"喝牛奶？不喝牛奶？"的迷思Q&A

问：你喝牛奶吗？

答：由于小时候家里开杂货店有出售多种牛奶，加上父母每日的爱心叮咛，我儿童时期像北欧人一样把牛奶当水喝，每天喝差不多800~1000毫升，将牛奶视为每天必需品；赴英国升学后，整体摄入量差不多，并且接触到更多乳制品如干酪（Cheese）和酸奶（Yogurt）。但自从大三那年看到哈佛和牛津大学发表对牛奶的深入研究后，我被说服并开始慢慢降低对牛奶的摄取；随后自己进入食品安全行业，有机会与更多学者和专家交流，更深信减少乳制品摄取能使身体更健康一些，所以现在我只把牛奶当成偶尔的享受，咖啡中加点热牛奶是不错的组合，但家中冰箱里都只常备豆奶。

问：牛奶有害吗？

答：虽然东方人因体质的不同，患有乳糖不耐症的人群比例比白种人高出很多，但只要本身肠胃能正常消化乳糖和不对乳制品过敏的朋友，适量地摄取牛奶，不至于会对人体健康造成损害。

问：**小孩子的身高会受到降低牛奶摄取量的影响吗?**

答：相信多少一定会。我虽然不是家长，但也能体会如果自己的孩子因为不喝牛奶，而比其他同龄人长得矮小，心里面滋味一定不好受。更矛盾的是要在小孩身高和将来长大后增加患病风险之间做出取舍，要是让我选的话，我会把牛奶当作点心给孩子少量食用，同时利用经常运动来强健他们的骨骼成长作为互补。

问：**你同意"牛奶只是适合给牛喝"的吗?**

答：同意。牛奶的自然本质是供出生后小牛食用的产物，其中的高激素和其他营养成分是为小牛而设，而非人类。试问我们的宝宝需要像其他初生动物一样，短时间内能站立，甚至奔跑避开猛兽吗? 大自然有其法则，妈妈生产后自然会有母乳给她们的婴儿吃，而当婴儿长大到一定程度就会开始尝试吃固体食物，约有90%的人类婴儿断奶后会自然失去分解乳糖的能力，妈妈的乳腺也自然不再分泌乳汁。成年的牛吃草、老虎吃肉，就只有我们人类长大后继续吃奶，而且还是人为强迫母牛产奶，根本就违反自然定律。从营养成分来看，牛奶或许只适合在极端情况下食用，例如战争时物资短缺或饥民的营养及热量补给，但每天把牛奶当作必需品，尤其是作为婴儿的主食，实在令作者担心。

问：**不喝牛奶会增加骨折和骨质疏松症的风险吗?**

答：牛奶中即使有再丰富的钙质，大部分亚洲人有乳糖不耐症，我们一喝牛奶就会因过敏出现腹泻情况，而那些钙质也因此付诸流水。《牛奶，谎言与内幕》一书也清楚说明乳制品的摄取量对上述两项事情的风险没有明显用处，详情请参阅该书。

Column

问：**你怎么评价婴儿配方奶粉？**

答：我还是觉得母乳是给妈妈产后瘦身和婴儿营养最好的天然礼物。不知道大家是否有留意到，很多配方奶粉制造商背后都是国际大药厂，厂商在奶粉里加一大堆声称对宝宝好的成分，特别是有专利的，却可能连在政府乳制品监管部门工作的专家都未必知道那些是什么东西，又或许仅有的文献都是从大药厂而来，是为了帮产品贴金的报告。此外，香港地区知名营养师李杏榆女士在小鱼亲测平台发布牛奶检测报告时也提到："1岁以下婴儿不应以牛奶或婴儿配方奶粉取代母乳喂哺，因会阻碍蛋白质、钠及钾等营养摄取，影响成长及发育。"

问：**前几年很流行的牛初乳又怎样？**

答：牛初乳泛指奶牛产犊后七日内的乳汁。我国卫生部在2012年9月明令禁止婴幼儿配方食品添加牛初乳作为材料，我想这问题就不需要太多额外的解说吧！其实在2012年初，当时牛初乳产品还被商家吹捧为"超级好东西"，而且价格不便宜（我妈妈也买了几罐回家，但我不敢喝），作者刚好有机会与质检部门谈到对牛初乳中高雌激素的关注，谁知过不了多久我国就下令禁用。但虽然牛初乳被禁止添加在婴幼儿配方食品中，目前仍然可在保健品和成人乳制品中使用，我自己会敬而远之。

其实讨论这么多，我们也明白要让牛奶和乳制品从我们的饮食当中离开是不切实际的。大家若需要购买牛奶或乳制品作不同用途，可参考小鱼亲测平台相关报告绿鱼榜单：https://goo.gl/a9a2NP，以选购相对安全的产品。46款牛奶安全榜单有部分外国品牌在台湾地区也有销售，如雀巢牛奶公司、安怡、安佳（Anchor）、保利（Pauls），希望不久的将来会有台湾地区本土品牌在榜单中出现。

　　在小鱼亲测平台完成市售牛奶样本检测，对外公布牛奶及牛奶饮品"绿鱼"安全购买榜单媒体发布会上，香港营养师学会认可营养师李杏榆女士表示："牛奶中的添加成分会降低其营养价值，并没有添加必要。当牛奶饮品中的添加物数量增加，奶含量也会相应减少，人体所能摄取的营养，如蛋白质及脂溶性维生素也会随之降低。"

　　同时李营养师也提醒消费者，牛奶的摄取要看体质，并非人人适合。有肠胃敏感、牛奶过敏及乳糖不耐症问题的人，均不适宜饮用牛奶，可改喝无乳糖牛奶、豆浆、杏仁奶或米汤。至于全脂奶、低脂奶与脱脂奶有哪些区别，分别适合哪些人饮用，见下图。

MILK 全脂　脂肪含量 **3%**　少年、儿童　孕妇　老人

MILK 低脂　脂肪含量 **1.5%**　适合大众，尤其中年人饮用

MILK 脱脂　脂肪含量 **0.5%**　高血压　心血管系统疾病　高血脂　糖尿病　肥胖

草莓和农药残留

多吃草莓一定有益？当想起鲜甜多汁的草莓（Strawberry）时，大家或许只想马上张开大口把它放进嘴里！我们一向都只被告知草莓营养价值高，含丰富维生素C及各种人体所需的好成分，有帮助消化的功效，对人体健康有着极大的益处。但你或许

不知道，原来一些内分泌干扰物和违禁农药经常在我们喜爱的草莓身上发现，也不要以为进口、价格高昂的一定安全，只要是用传统方法栽培（非有机）的草莓都使用大量农药，多个国家相关调查的结果令人担忧。

在现今社会中，我们经常听到"农药"这个名词。什么是农药？农药就是被喷到农田的蔬果上防止昆虫破坏农作物的有害化学物质。难道大家没有想到，如果连昆虫和虫子都想逃离这些致命的化学物质，我们怎会把这些有害化学物质放进最终会被我们吃进去的粮食身上？这似乎是一种匪夷所思、但又每天都在发生的现象，不是吗？

▌外国来的水果不一定都安全

2013年7月，汇集消费者、关注公众健康与环境组织、工会、妇女团体和农民协会等来自全球19个欧洲国家的非政府组织农业行动联盟（Pesticide Action Network, PAN）公布一项对于法国市场上销售的草莓（产地包括法国和西班牙）内分泌干扰物和违禁农药残留的调查，结果令人非常担心。

在49个草莓样本中（26个产于法国，其他23个来自西班牙），91.83%（即45个样本）含有一种或多种农药残留，当中71.42%（35个样本）含有导致内分泌干扰的农药，有2个样本甚至含有一种欧盟在2005年禁用的杀虫剂——硫丹（Endosulfan）。硫丹是一种有机氯化合物，已被联合国斯德哥尔摩公约（Stockholm Convention）列入需消除、应禁止在全球使用和制造的持久性有机污染物（POPs）名单中。其他被验出的内分泌干扰物或违禁农

药残留包括丁硫克百威（Carbosulfan）、氟啶虫酰胺（Flonicamid）、啶虫脒（Acetamiprid）、螺虫乙酯（Spirotetramat）和烯酰吗啉（Dimethomorph）。这份调查结果强调——

> **许多内分泌干扰农药已普遍地进入我们生活的环境中，**
> **潜在危害你我的健康。**

■ 其他国家的检测结果同样令人担心

2008年美国农业部（United States Department of Agriculture, USDA）农药数据项目（Pesticide Data Program）公布了一项令大家担忧的草莓农药残留调查结果，在741个样本中，有超过90%以惯行农法（非有机）栽培的样本被验出含有最少一种或多种农药残留，当中1/3样本验出可干扰婴幼儿生殖系统正常发育的杀菌剂——腈菌唑（Myclobutanil）。其他54种有害残留包括：

- 6~9种已知的或可能的致癌物质
- 11种神经毒素
- 24种怀疑激素（内分泌）干扰
- 12种发育或生殖毒物

此外，其他常用EDCs农药／杀虫剂及其从动物试验显示的健康影响证据，简单列举如下：

- 毕芬宁（Bifenthrin）：引起女性排卵功能障碍。
- 多菌灵（Carbendazim）和苯菌灵（Benomyl）：造成对男性生殖系统的不利影响（通过大鼠研究发现其生育能力下降）。
- 甲基毒死蜱（Chlorpyrifos-methyl）：阻止雄性激素的活动。

- 代森锰锌（Mancozeb）：一种致癌物质，能够导致至少八种不同类型的癌症——乳腺癌、肝癌、胰腺癌、甲状腺癌等。
- 扑克拉（Prochloraz）：导致雄性后代女性化和性器官发育畸形。

▌孕妇和幼儿属高危险群

草莓是非常普遍的水果选择，日常被视为健康饮食的一部分，尤其孕妇和儿童经常食用。然而，这些在草莓身上检出的有害化学物质，有可能只是低剂量也能危及孕妇腹中胎儿和年幼的孩子。

请想象一下，草莓仅是相关问题的一小部分，如果再跟你每天所吃其他食物中的毒性混合作用，其潜在后果又会如何？蔬果农药残留是一个健康问题的真正隐患，尤其是对儿童，因为他们的身体正值生长发育阶段，**低龄儿童特别容易涉及内分泌干扰物的危害，即使只有很低的剂量。**

结果可导致不孕或生育能力下降、发育受损、生殖器官的出生缺陷，以及代谢性病症，内分泌疾病也包括糖尿病、甲状腺炎、骨质疏松症、肿瘤病变及延迟或提前进入青春期。以上这些疾病目前在全球都呈上升趋势。

▌男性潜在影响最大

鉴于过去数十年间男性生殖健康普遍下降已是不争的事实，例如男性生育能力（精子数量及品质）在许多国家都显著降低，全球睾丸癌病例也越来越大，加上我们日常生活中大量接触到复杂的化学物质混合物，因此科学家们作了非常合理的假设，认为这些化学物质或许跟男性生殖健康有关。

随后科学家发现有越来越多证据表明EDCs在其中产生显著作用，特别是母体中发育的胎儿；一些研究更已经把母体接触农药影响，联系到生殖器异常的男婴，如隐睾和尿道下裂、阴茎长度变短、男性精子数降低等，并称此多元的病症为"睾丸发育不全症候群"（Testicular Dysgenesis Syndrome, TDS）。当胎儿和婴幼儿在子宫内或通过母乳摄入内分泌干扰物，所衍生出的可能风险特别大，因为激素掌控着最关键的男性化过程。

男性生殖器官正常发育需要许多激素，特别是雄激素（Androgens）、睾酮（Testosterone）和二氢睾酮（Dihydrotestosterone, DHT）的相互作用。调节这些激素的相互作用编程机制是大自然微妙的平衡。2011年，由欧盟委员会（Council of Europe）资助，Andreas Kortenkamp教授带领一群伦敦大学毒理学中心的科学家发表针对37种常见蔬果残留农药内分泌干扰活性的测试结果，发现有30种（超过80%）农药具有堵塞或模仿雄性激素的功能，当中只有14种有少量文献记载其内分泌干扰特性，其余16种虽然已被广泛使用多年，但它们的干扰性质是科学界首次发现，且大多数是草莓和生菜等蔬果经常残留的化学杀菌剂。

科学界对此研究结果并不意外，也坦言由于有太多其他潜在还没有发现的内分泌干扰物，他们对有关问题了解不多，更多的科学研究新发现只是凸显出当今许多被滥用的化学品，包括农药，根本未经充分测试会如何影响人类的长期健康和环境发展就大量推出市场。自第二次世界大战以来，许多新合成的复杂化学物质经由人类使用而被引至环境中，其中有些多年后才被发现具有生殖毒性。目前科学家正在努力监测毒物对生殖过程的短、中、长期影响，并特别关注EDCs参与睾丸发育不全症候群发展的机制（即研究暴露于EDCs与损害男性生殖健康的关联性），英国科学家也强烈建议对使用中的所有农药都应该进行系统性筛选检查，若确认它们会阻碍睾丸激素和雄激素等关键激素的相互作用，影响男子和男孩的生殖系统健康，应马上下令停用，因为这不仅是普通安全事件，而是人类前途灾难的大事。

▌缓慢的筛选工作进展

第二章提到，美国环保署是当今世界最主要负责EDCs筛选工作的政府部门，其1996年所建立的"内分泌干扰物筛选计划"（EDSP）迟迟没有大规模实施，主要是由于政府与化工业界一直争论测试的方法。例如英国研究人员采用的体外实验（in-vitro），是使用人体细胞检查农药是否能活化或抑制激素受体（Receptors）细胞基因的开关，从而筛选化学品，是一项被科学界广泛接受的实验室技术。然而，来自化工业界的科学家则怀疑人们在水果和蔬菜遇到的农药残留浓度，即使在细胞测试出现阳性结果，也不能确定存在人体的化学物质一定会危害人类的繁衍。精明的读者一听就知道，这根本就是政治和利益，而非立于科学的争论！

　　消费者要怎么做才能避开农药残留的危害？在政府能有效管制违禁农药施用之前，最理想当然是自己有空当农夫，无毒栽培，自给自足；如果经济条件许可，尽量购买有机农产品（认明较具知名度的有机验证机构）当然是最好。但碍于现实生活没有这么完美，或许不是每人都总是能吃昂贵的有机农产品，或有空间和时间自己生产食物，除了进食前多清洗、浸泡之外，消费者也可通过避免选购受污染最严重的蔬果，减少高达80%的农药接触。至于有哪些蔬果最好避开呢？作者汇整了北美多方专家（2011年USDA及2013年EWG资料）的建议清单如下：

草莓Strawberries	樱桃番茄 Cherry tomatoes	甜椒 Sweet bell peppers	生菜Lettuce
苹果Apples	菠菜Spinach	杏Apricots	樱桃Cherries
桃Peaches	哈密瓜Cantaloupes	青豆Green beans	芹菜Celery
葡萄Grapes	蓝莓Blueberries	黄瓜Cucumbers	

　　了解哪些食物中相对含有最高浓度农药是很重要的。不幸的是，上表所列污染最严重的水果和蔬菜有不少都被列入顶级健康食品名单，只能怪我们人为喷洒农药毁了它们原来的好本质。另外，选购食材也可参考一些经验法则，例如菠菜等柔嫩的叶菜类、番茄等薄皮蔬果，以及草莓之类无外皮保护的浆果或核果，都尽量挑有机产品买。

　　都说到这里了，下次站在市场思考要用20元人民币买5个普通苹果还是2个有机苹果时，你知道怎么选择了吗？只要想到将来可能要额外看医生和处方药的费用，再加上一副糟糕的身体……我马上选后者，因为我深信谚语"人如其食"（You are what you eat.）。

其他给消费者的五点提示：

　　• 吃有机！真正有机栽培，理论上是完全不含合成农药，按照一套严格的守则生产，保证不使用有害的化学物质。因此，强烈鼓励消费者尽可能吃有机食品，尤其是孕妇和儿童。

- 生菜、番茄、黄瓜、苹果等容易残留农药的蔬果，挑有机栽培的取代非有机农产品，特别是要给儿童和孕妇吃的。
- 教导儿童不要把未去皮的柑橘类水果放到嘴里，因为这些水果的果皮表面可能有大量EDCs农药残留。
- 农药残留大多集中在蔬菜或水果表面，食用或料理前先以清水洗净（冲、搓、刷、泡），再去掉外皮分切，能有效减少农药摄入。
- 行使消费者权益，联合起来发送信件给政府有关部门和食品零售商，要求禁止使用EDCs农药！

◆ ◆ ◆

疾呼移除EDCs！农夫作为既得利益者也不再沉默

2011年，长期接触农药受害者协会在法国成立，成员包括种植各种不同作物的农夫，其会长保罗·冯索瓦（Paul Francois）是一位谷物农夫，他因使用被视为"安全"的农药中毒，导致经常性昏迷，成功起诉了美国农药研发生物技术巨头孟山都公司（Monsanto Company）。在2014年初，农药受害者协会与独立电影人Eric Guéret合作拍摄纪录片'La mort est dans le pré（英译：Death is in the meadow），影片讲述法国农民和他们的家庭成员健康如何因使用及接触农药而受到不同的疾患影响。其中三位在影片中现身的受害农民和他们的家人，更于2014年3月27日在比利时布鲁塞尔的欧洲议会发言，要求对暴露于危险化学品（特别是可干扰人体激素系统的农药）采取紧急立法行动。其实欧盟当时已通过立法，从市场中移除所有EDCs，本来被授权在2013年12月之前应订立标准来确定这些化学物质清单，但由于检测定性标准化问题的复杂性，欧盟在立法议题上只能押后表决。

有机不是绝对不能用农药?
跟环境激素（EDCs）有什么关系

随着人们生活标准的提高，现今越来越多的人更加重视健康，平常吃的、用的东西都要讲究绿色、健康，越是自然的越好，由此催生了大量的"有机食品"和"有机化妆品"等各种标榜无公害、绿色更健康的产品。

有机当中所包含"更健康"的概念，除了非基因改造成分之外，重点是严格管制使用农药的要求，而当中这些被禁止使用的农药，它们其实很多都是内分泌干扰物。

怎样才是正规的有机（Organic）产品

所有的有机产品，都需要通过验证机构认证，并且在包装上标示"有机认证标识"才具可信度。可是市售产品有各种各样标识，要如何辨别哪些是有机认证呢？前文提到购买有机产品时，建议认明较具知名度的有机验证机构，在台湾地区可搜寻"有机农业全球资讯网"https://goo.gl/oV9o2F，查询验证机构及其核发标识图样；而国外有机产品认证标章中，最为大家熟悉的有：

- **美国USDA ORGANIC：**由美国农业部依国家有机法规（NOP）验证核发（下图左），产品有机成分须达95%或以上。

- **欧盟EU Organic Farming logo：**行内人称最严格的标准，即绿叶星图案（上图中）。其认证产品必须在欧盟生产、有机成分达到95%以上。
- **法国ECOCERT（简称ECO）：**在国际市场上拥有最高的权威及公信

力，检验标准获得美国国家有机法规（NOP）及日本有机标准（JAS）的认可。法国约有七成以上有机产品可见到此标识。

鱼目混珠的有机市场

市场上打着"有机"标签的食物，通常都比普通食物价格高1/3或以上，但市场需求也依然是源源不断。但这些真的都是"有机"食品吗？以香港地区蔬菜市场为例，2016年3月一份调查发现，全港共有93家菜贩声称贩卖的是当地有机蔬菜，其中有72个无法提供相关认证。至于水产品，调查了89个市场共371个摊贩，20个声称贩售有机水产，但只有2个能提出证明。而实际上到2月为止，全港只有3个水产养殖场获得有机认证。由此可见，这些所谓的"有机认证产品"很多是鱼目混珠。

外国有机产品又如何？

在超市中可以看到大大小小许多有机食品，包装上都贴着各种各样的认证标识。那么，有了这些认证标识就可以放心了吗？很遗憾，答案很可能是否定的。作者特意去搜索了USDA、ECOCERT和EU有机绿叶星这三大有机验证机构官方网站。在USDA的食品栏目列明通过认证的有8000多种，而市场上标示USDA认证的产品却数以万计，那些多出来的巨大数字又是谁帮它们认证的呢？

我随手拿起桌上两款购自香港地区知名超市印有USDA标识的谷物零食，进入官方网页搜寻产品资讯，结果只找到相同品牌的其他产品，却没有我手上拿的这两款，多生气！之后我又进到ECOCERT，在其大中华地区的分站上也有认证产品清单，但上面只有客户编号和代码可供查询，而食品包装上却完全看不到印有任何代码！所以对于消费者来说，认证标识的真假根本就无从查起。

最后我去查了欧盟有机绿叶星认证网站，则是根本找不到已获认证产品的信息，网页只说他们正在努力整合资料当中，没有具体列出完成的时间表。至于有机护肤品更是真假难辨，作者所查的三大国际权威验证机构中，只有USDA官网能查到有获得认证的护肤品公司，但却未具体说明是哪些产品取得认证，而它们却已经在所有护肤品包装都打上"Organic"的标签。

分析有机认证的问题

幸得行内朋友仗义分享，加上自己所做的资料搜集，关于有机认证产品存在的许多不实问题，其背后原因分析如下：

一、大部分有机认证机构都是以组织或协会形式运作，目标在于推广和拓展有机市场，本身没有法律赋予的执法权。

二、这些机构对市场上有机产品的监管力度松散，他们跟企业之间存在着微妙的利益关系，很可能对获证企业的违规行为未做及时有效的纠正。如前述提到谷物零食品牌旗下或许有少部分产品通过认证，而认证机构尽管发现该公司其他产品搭了顺风车，也会因担心损害已建立的客户关系，选择睁一只眼闭一只眼，因此出现有些品牌旗下只有某几种产品取得认证，但却在所有的产品包装都打上了"有机"，这在给消费者"多一点选择"的气氛下，对于起初建立市场和产品推广或许会有些帮助。

三、更甚者，可能因缺乏监督，导致在一些较小的认证机构，只要花一些钱，产品未经过检测就可以买到有机认证。对于生产商（或制造商）来说，仅仅是在包装上面加上"有机"两个字，实际上可能未经过任何的认证，价格相比普通的产品可以定得更高，市场缺乏监管，消费者无法质疑，这样简单好赚的事情，何乐而不为呢？

四、没有标明有机认证的时间。有机认证是具有时效性的，通常1~4年就需要重新认证，但基本上没有产品会标示出它们的证书有效期，即使过期了也仍然在使用。

五、部分实际获得认证的企业品牌、原材料或产品，经过中间的制造商、分销商、零售商后，谁想推广他人的品牌，或出于商业保护考量，在最终食品包装上通常已找不到原本获得认证的名字，导致在认证机构官方网页找不到该产品的有机注册资料。

六、复杂的举报机制令消费者投诉却步。针对不良营商手法（如虚假不实的有机产品标章），部分国家和地区会立法规范，以法制健全的香港地区为例，香港海关可以引用保障消费者权益的《商品说明条例》执法，但作者致电海关举报热线查询后，发现单是举报需要填写和准备的资料，简直比上警察局报案还要多。我心里想这不是你们的工作吗？复杂程度令我不禁联想是否需要请专业律师去处理那几十元的"假有机"零食？

有机生产本身就是我们祖先留下来的传统好东西，试问在工业革命之前，地球还没有被千奇百怪的人工化合物污染时，从土地上长出来的粮食有哪样不是有机的？由于本书鼓励大家尽可能多选购有机食品，所以有必要在这一节专门讨论说明有机概念，希望帮助读者选择有机产品时更加精明。当然，如果有心人能把搜寻和确认有机认证商品变成简单易用的手机软件，那就更加功德无量了。

台湾地区的有机产品市场

台湾地区有机农业法规和产品标识认证经过多年的发展已相当成熟，消费者到许多超市和大型量贩店，只要看到标示的有机专柜，就能很方便地选购各种有机农产品。

另外，认证合格的有机产品也可通过由"农粮署"补助、台湾宜兰大学所设置并维护的两个网站（有机电子商城和有机农夫市集）销售。站内提供超过100家有机农场的当季产品，消费者可直接与销售单位的农夫联络，轻松获得最新产品资讯和服务。

推广有机农产品，重点提倡"当地生产、当地消费"，概念其实就是避免太多运输，以减少碳排放和维持农产品鲜度，但如果像香港地区这样没有土地资源，虽然生活富庶，动不动都进口外国的有机产品，其实从环保角度并不可取。

◆ ◆ ◆

不会是谣言吧?

大闸蟹居然被说含雌激素?

　　每当秋风起，又到了品尝大闸蟹的季节。但同时关于大闸蟹养殖过程中加入避孕药令蟹加速生长，使肉质肥美、鲜甜多"膏"的报道，又再度浮上消费者心头，并且受到媒体的关注。

　　追溯近年有关大闸蟹雌激素超标的新闻，在两岸三地热传的应该是2011年10月初香港特区的报道：全球最大的瑞士通用公证行SGS集团旗下的香港分部化验所，利用新研发的生物雌激素活性检测方法，检测在香港特区大闸蟹专卖店及市场摊贩所销售的大闸蟹样本，结果发现四分之一的样本有雌激素活性，其中含量最高的样本，每日只要食用3只蟹，雌激素摄取量已超过世界卫生组织安全上限。但化验所承认，使用的检测法无法分辨所含雌激素属天然、环境污染还是禁用激素。

　　这篇报道很快就传开了，同时招来很多声音，包括香港特区政府食物安全中心、我国食品监督管理部门、相关行业协会和学者都应记者要求做出回复和声明，看起来跟台湾地区《商业周刊》"牛奶骇人"事件中，双方"牛头不对马嘴"的争辩情况十分相似。

"25%大闸蟹含雌激素"报道后续及分析

　　香港特区官方回复：香港特区食物安全中心目前所做的检测，只会针对大闸蟹中是否含有3种法定禁用激素，所以并不会检测大闸蟹所含的其他类雌激素含量。中心发言人表示，他们在2010年抽验数百个大闸蟹样本，全部结果都满意。

　　作者分析：感谢香港特区政府坦白承认只检测3种禁用雌激素。其实现时能验出大闸蟹含3种禁用激素的概率极低；反之，其他人工合成激素及逾10万种工业用化学物质也都含类雌激素功能，有心"加料"的不法蟹农会这么笨，只用那3种会抽验的，而不去用其他有同样"功效"、政府又不会去验的吗？传统化学化验法必须得知有关激素是哪种，才能针对性做化验，事实上极为困难，说白了就是"验不到不等于没有"。

————◆————

我国食品监督管理部门回复：上海市食品药品监督管理局和市工商部门全年持续开展对淡水蟹的风险监测工作，每季度监测一次，监测项目包括一种雌激素己烯雌酚（DES）等共31项渔药残留，目前所有样本均未检出己烯雌酚。上海市农业部门对于在地产的大闸蟹等水产品进行监督抽检，重点检测孔雀石绿、哨基呋喃类代谢物及氯霉素等指标，2011年总共抽检全市20个养殖场20个样本，检测结果均合格。

作者分析：虽然食品监督管理部门对外说做了31项渔药残留监测，但据官方透露与雌激素有关的，只有己烯雌酚一种，实在是少得可怜。那有没有其他雌激素呢？同样也没有正面回应香港SGS的结果。

————◆————

行业协会的声明：面对这样的质疑，由于事关重大，苏州市阳澄湖大闸蟹行业协会会长杨维龙很快便站出来澄清。他表示，"阳澄湖大闸蟹是没问题的，凡是阳澄湖的，生态环境好、水草茂盛、阳光充足、饵料充足，我们的监控非常严格，在这种环境下生长的大闸蟹是经得起历史的任何检验和多部门的检测。"

作者分析：杨会长只强调了"相信我吧"的口号，同样没有正面回应香港SGS的科学结果。当时香港SGS虽没有详细列明验出雌激素超标的样本来自何方，但我作为业界人士当然知道一些内幕。标明来自阳澄湖且价格较贵的大闸蟹样本虽然同样肥美多膏，但真的一个也没被检出有雌激素活性浓度；而有"问题"的大闸蟹样本都集中于某一区水域，杨会长说的是巧合还是他也知道一些内情呢？

————◆————

引述不明学者的回复1：化验法不能分辨出雌激素是天然含有还是人工添加，例如其实很多植物和生物本身也含雌激素。

作者分析：一般市民听起来或许觉得非常"科学"，但这跟分辨雌激素是天然含有还是人工添加有何相干？雌激素能否对我们人体内分泌系统产生干

————— 129 —————

扰，重点在于雌激素活性，比如女性更年期后的补充剂，大部分是来自黄豆的天然雌激素提取物——大豆异黄酮；而避孕药是用上人工合成的雌激素，它们同样是有效的雌激素。至于其他四分之三没有雌激素活性的检测结果，学者又怎样解析呢？

根据世界卫生组织（WHO）和联合国粮农组织（FAO）所提出标准，人体就雌激素的允许摄取量为每日每千克体重不超过50纳克（即0.05微克），以60千克体重成人计算，每天最多摄取3微克雌激素。长期摄取过量雌激素，除了可致性早熟、生殖器官组织异常，也容易引发乳腺癌、卵巢癌、睾丸癌、不孕等。即使想要具体找出是哪一种天然还是人工的激素类物质，也只能从源头一步一步地通过研究型化学分析法，希望能够找到可能的目标物质，而那是多难又要花上多少人力物力的调查，一切都只是源于对食品生产商的不信任。

————————◆————————

引述不明学者的回复2：用作生物检测的透明小鱼，在接触带有类雌激素的大闸蟹提取物时，其肝脏会发出绿色荧光，再经荧光强度分析，计算出化验结果，但每条鱼在接触雌激素后，是否必然发光以及发出同等光强度，均是不能控制的因素，因此准确和稳定性易受质疑。

作者分析：又是另一条听起来觉得很"科学"的意见，但明显是不了解科技所下的评论。一般来说，每一次同类实验最少都用上百条小鱼作计算，以消除差异性，并加入阴性（Negative/vehicle control）、阳性（Positive control）对照组和多年历史数据做好把关（Gatekeeper），绝对经得起各界的任何盲样测试作相互比对。请不要转移重点，主力应找出并回答是什么化合物使绿色荧光出现。

鲁迅先生的吃蟹论

鲁迅当年说："第一个吃螃蟹的人，被称为勇士。"但今天，如果我看到孕妇敢大口吃来历不明又便宜的大闸蟹，真为她和孩子捏把冷汗。作者在这本书中一再地强调，母体内的胎儿最容易因接触EDCs，造成生殖系统发育受到长远的负面影响，所以回头再想想，吃那些或许含有很高雌激素大闸蟹的怀孕母亲，岂不是正在"慢性谋杀"吗？

我很喜爱蟹粉小笼包，记得以前小时候大闸蟹也算得上是名贵食材，而且供应时间很短，符合中国人"不时不吃"的自然理念。想来想去也想不通，现在香港吃大闸蟹的人越来越多，加上内地13亿人口当中富起来的同胞也要满足他们的肠胃，干净、污染少的养殖地又越来越难找，理论上供应量一定紧张，价格也肯定像冬虫夏草一样，如火箭般迅速高涨。但情况正好相反，蟹价越来越便宜，甚至进驻平民菜市场，成为一般市民的家常菜。一年四季都可以到上海菜馆点上蟹粉小笼包，当然蟹粉很可能是急冻的，但庞大且又便宜的供应量从何而来呢？

还是那句话，我相信"人如其食"，你吃什么就会像什么。所以除了书中提及的脆弱群体应特别注意外，大家面对美味的大闸蟹，还是适可而止，毕竟大闸蟹寒凉，不宜吃太多，更不要贪便宜。否则因小失大，得不偿失，后悔也来不及。

其他可能涉及雌激素养殖的水产

台湾本地乌鱼：由于近年野生鱼源枯竭，加上市场上对高价乌鱼子需求庞大，过去渔民都要靠运气捕捞的海乌，现在改以供货稳定的养殖乌，作为乌鱼子的来源。只有母鱼能产生高价值的金黄鱼卵，但乌鱼刚孵化时并没有性别之分，变成公鱼或母鱼取决于阳光、水温及生长密度，因此养殖户为使成年母鱼出现的概率极大化，在第一年喂鱼苗的饲料中都加入微量雌激素，刺激乌鱼自体产生雌激素，然后发展出卵巢。

据报道，用这种方法养殖乌鱼，两年后雌鱼比例可高达95%。但专家也强调雌性小鱼要成长到能有鱼子收成，需要耗上三年的时间，除非你特别喜欢吃雌性小乌鱼，否则消费者买到的乌鱼子一般只含鱼体自行产生的正常低量雌激素，大家不需要担忧！

鳗鱼：小鳗鱼苗跟乌鱼刚孵化时相似，体内只有生殖细胞，还没分性别，而雌性鳗鱼比雄性肥美肉厚，较受食客欢迎，因此养殖户也在鳗鱼苗饲料中加入微量雌激素，诱使更多雌性鳗鱼出现，以合乎市场需求。

从鳗苗长到成鳗也很花时间，要养一年半左右。成鱼运到市场出售时，理论上体内只存在自身产生的雌激素，一般不会有残余添加物。但数年前有出口鳗鱼被验出添加了含高毒性、可致癌的孔雀石绿（Malachite green）。

孔雀石绿是类雌激素，EDCs的一种工业用染料，常用于丝绸、皮革等。同时它也是一种杀虫剂，被用来杀死产品中的寄生虫或真菌，使鳗鱼快快长大、少生病。虽然已经被禁用多时，但不法商人是否会加入其他未被发现的类雌激素呢？我有点担忧。

黄鳝：生长环境条件与鳗鱼很类似，多年以来一直被媒体指出有非法添加雌激素催生。

鲜鲍鱼：这是从经营海鲜贸易的朋友那边得到的，如非野生捕获的鲜鲍（一般价钱很高，算是名贵食材）。在市场里又大又肥又便宜的养殖鲍鱼是怎样生产的呢？友人听生产者说都会多少用上类似避孕药的物质来养殖，其中细节不详。

◆ ◆ ◆

连米都有毒吧？
到底还给不给人活路啊？

大米是中国人主要的食粮，近年"两岸三地"都出现有毒镉米的新闻，并且每次政府当局的抽样报告都有白米样本超标，令大家不禁闻米色变，但又无奈。

镉（Cadmium，化学符号Cd）虽然是在地壳表面自然存在的一种重金属，但通常不以金属态存在于环境中，出事的毒米事件其实是镉与其他元素结合的人工化合物，如氧（氧化镉）、氯（氯化镉），或者硫（硫酸镉、硫化镉）污染的土地所造成，这些镉化合物在工业和消费品中有很多用途，主要用来制造电池、颜料、电镀金属和塑料，不讲不知的是，在环境当中的镉化合物也是可恶的内分泌干扰物（EDCs）之一。

有毒镉如何进入稻米？

镉不会在环境中分解，但是能够变成不同形态，常溶于水中，部分就会与土壤结合。镉进入环境中会停留很长的时间，一般半衰期[19]长达10~30年，所以一旦种米的农田之前受到工业重金属污染，根本难以复原，植物会吸收农田中的镉化合物，有毒镉米就因此出现。

其他人体吸收到镉的来源

除了从食物链进入外，香烟产生的烟是一般人镉暴露最大潜在来源，香烟中镉的平均含量有1000~3000微克/千克，比食品中镉含量平均只有2~40微克/千克高出数百倍；从事特定行业如电池或油漆制造的工人也会接触到空气中的镉，或者从硬焊或电焊金属的工作中接触到较高的含量。

镉如何影响我们的健康？

尽管从饮食摄入镉导致急性中毒的机会不大，但镉进入人体会停留并积聚在肝脏和肾，只有少量从尿和粪便慢慢排出身体。长期吃镉含量高的食物会对泌尿系统造成负担，还可能造成肝肾受损，患上慢性肾病及肝病，严重者更会致癌。

此外，镉会代替钙进入骨骼，使骨骼结构生长畸形，导致软骨病（即"痛痛病"，骨质疏松症的一种）。国际癌症研究机构曾指出，因职业关系从空气中吸入镉和镉化合物有致癌风险，而镉更是被评为"令人类患癌"的物质之一。

近年新的科学研究更突出了镉为可恶的雌激素干扰素。镉离子（Cd^{2+}）会在人体代替锌离子（Zn^{2+}）在不同浓度干扰正常雌激素的分泌，科学家分别在动物和吸烟女性身上实验，说明镉的激素干扰功能使孕中胎儿早产及出生体重不足等。

◆ ◆ ◆

19　半衰期（Half-life），是指某种特定物质的浓度经过某种反应，降低到初始浓度时一半所消耗的时间。说白了就是"物质蜕变成一半所需的时间"。

镉米中毒事件并非新鲜事
——日本四大公害病之一"痛痛病"的由来

　　镉米是由受到镉金属污染的稻田所种植出的稻米，其污染来源离不开矿场、涂料、塑料和电池工厂未经处理排放的污水。污水直接排入附近的灌溉水道、池塘和湖泊，而灌溉农地用的有毒镉水被稻米吸收，就这样出现镉米了。

　　世界上最早的镉米中毒事件发生在日本富山县神通川及其支流一带，由于第二次世界大战前夕原料需求极大，导致矿务活动大幅上升，当地位于神冈矿山区的矿场将污水大量排入河里，严重污染了神通川及其支流，由于神通川不只用于稻田的灌溉，同时也作为饮水和洗涤用水的来源，以及从事养殖渔业活动等，当地沿岸居民镉中毒情况十分严重。

　　而相关疾病症状记录出现虽然早于1912年，但当时疾病起因仍然不明，一直到1946年之前，当地医生还认为那只是一种地区性、由病菌所引起的疾病。即使后来（20世纪40~50年代）开始兴起寻找病因的医学检验加入调查，起初大家也都只倾向认为是上游的铅矿造成铅中毒问题，因为相同时期铅水污染也发生在日本其他县市。

　　直至1955年，荻野升医生和他的同僚怀疑镉污染才是致病原因，建议富山县政府着手进行调查，发现在降低供水里的镉含量后，发病者数量大幅下降，最终确定了神冈矿山导致镉污染和痛痛病的关联，荻野医生因而创造了"痛痛病"一词。

　　可是，尽管病情最严重的患者都位于富山县，日本政府也发现其他五个县陆续出现相同病例。厚生省于1968年对由镉中毒引发"痛痛病"的病征发表了声明，并将它定为日本四大公害病之一。

　　镉中毒的病人会全身骨骼疼痛、指关节变形、身体痛到不能入睡，几天后病人肾小管会受到破坏，导致肾脏萎缩，引发尿毒症，并且大量流失钙质，容易发生一般只出现于老人的骨折现象（骨质疏松症）。虽然受害者经过法律行动后都获得矿业公司的赔偿，但镉的后遗症足以折磨他们一辈子，绝非金钱可以补偿。

镉米历史在台湾地区重演
——土地病了，作物成毒药！

与日本相隔大约30年后，台湾地区桃园县观音乡大潭村也发生第一宗镉米事件，当时查出污染源是高银化工排放的工厂废水含镉，造成农地遭受污染而种出镉米。

高银化工造成镉米事件只是序幕，紧接着彰化县、台中县、云林县、桃园县都陆续传出有毒镉米，统计台湾地区农地受镉污染面积高达446公顷，仅彰化县就有261公顷，居全台之冠。主要原因是在20世纪50～60年代，设备简陋及高污染的小型、家庭式工厂，包括电镀、金属表面处理业大量涌现，未经处理的废水就近排进灌溉沟渠，灌溉与排水系统不分流的情况下，土地长年累月受到严重污染。

2005年4月，台湾地区行政管理部门农业委员会农业药物毒物试验所检测16个地区、共241个稻米样本的重金属含量，结果发现有11个于4.94公顷农田生产的稻米样本含镉量超过食米重金属限量标准，最后总计3万千克污染稻谷遭到销毁，但作者相信更多有问题的米很可能早已经流出各县市的市场，进了大家的肚子里。直到2016年和2017年，有毒镉米事件仍旧不断地在台湾地区发生！

在可见的未来，更多地区恐怕也将会有更大规模的镉米事件继续发生，只是同一灾难在不同地方上演，我们的政府要吸取历史教训，做到事先预防。要知道农田即使不再受到污染，进行休养生息，最少也需要隔数年、甚至数十年，才可能去掉部分重金属。

若农田一直受到污染，"毒田"将永久无法解决。事实上，土壤一旦发生污染，短时间内很难修复。相比水、大气、固体废弃物等环境污染治理，土壤污染是最难解决的，或许我们应该反问：

一时的经济利益，
换来长期且昂贵的治理，
代价是否得不偿失？

　　镉米和其他激素干扰素事件灾难一再上演，代表着我们并未从以前的惨痛经验获得教训。

相信大家都喜欢购物，女士们每季采购新衣服更是例行的活动！我们大多数人挑选衣服总是会先看款式，没有多少人会像买包装食品那样，花时间翻看背后的材质成分，反正衣服的标签主要告知消费者所用材质和洗涤方式。买回家的新衣服，一般人会按颜色分开洗涤，希望新衣不要掉色，洗干净就可以快一点穿上。但遗憾的是，就只是这么一个单纯的行动，大家就在不知不觉当中，被卷入成为服装产业污染的帮凶。

消费者不可不知的是，服装在生产制造过程中使用了很多具毒性的有害物质，不只是对服装生产工厂（多数是发展中国家）附近河流影响很大，这些有害物质（包括多种EDCs）还会残留在衣服上，无论是在世界的哪个角落，当消费者把衣服买回家，对它们进行洗涤

	样本数	被检测出NPE的样品数	被检测出NPE样品的比例
GIORGIO ARMANI	9	5	55%
benetton	9	3	33%
Blažek	4	2	50%
C&A	6	5	83%
Calvin Klein	8	7	87%
DIESEL	9	3	33%
ESPRIT	9	6	66%
GAP	9	7	77%
H&M	6	2	33%
JACK & JONES	5	3	60%
Levi's	11	7	64%
MANGO	10	6	60%
YOUR M&S	6	4	66%
Meters/bonwe	4	3	75%
ONLY	4	4	100%
TOMMY HILFIGER	9	6	66%
VANCL 凡客诚品	4	4	100%
VERO MODA	5	4	80%
VICTORIA'S SECRET	4	2	50%

图为2012年绿色和平对时装品牌及其含有壬基酚聚氧乙烯醚（NPEs）的样本数

时，这些有毒有害的EDCs物质就会释放出来，通过洗衣服排放的水造成污染，而这甚至尚未考虑这些EDCs对穿着的人本身潜在的健康影响。

品牌时装也染"毒"

那么，读者或许会问？我们买贵一些的国际大品牌就可以啦，它们的品质一定有保证！

Sorry！或许国际绿色和平组织过去四年的"Detox"和"为时尚去毒"计划调查报告将会再次令消费者失望。

绿色和平组织分别在2011年及2012年，针对运动品牌用品和流行时装产品进行有毒有害化学残留测试，在全球29个国家（地区）采购了逾百件服装样本，共20家跨国时尚品牌。所有的样本全部是在各品牌专卖店或品牌授权经销的商店购买。根据衣服上的标签显示，样本分别从18个不同的国家生产，大多数为发展中国家。然而有25件样本无法确认生产国，这也反映出纺织业的生产并不像其应有的透明。

服装样本的种类包含男装、女装、童装，款式包括上

	样本数	壬基酚聚氧乙烯醚
adidas	11	5/11
American Apparel	4	3/4
BURBERRY	9	6/9
C&A	7	3/7
Disney	5	4/5
GAP	11	4/11
H&M	7	6/7
LI-NING	4	3/4
NIKE	9	5/9
PRIMARK	6	5/6
PUMA	6	5/6
UNIQLO	3	1/3

图为2013年绿色和平组织在知名品牌的儿童及婴幼儿服装中发现含有壬基酚聚氧乙烯醚（NPEs）的样本数

衣、T恤、夹克、裤子、牛仔裤、连身裙、内衣等，服装的材料既有人造纤维也有标榜使用天然纤维的。所有样本皆经过壬基酚聚氧乙烯醚（Nonylphenol ethoxylate, NPE）的检测，结果显示其中超过60%被检测出有环境激素NPE的残留；连着两年检测含有毒有害物质的比例（2011年检测运动品牌服装与2012年检测流行时装产品的调查），结果几乎一样。

不要"童流合污"

而在2013年，绿色和平组织的调查范围更延伸至儿童及婴幼儿服装。与成年人相比，处于生长发育期的儿童对这些化学物质会更敏感，因此儿童服装的生产制造更加值得关注。然而，题为"童流合污"的调查报告却发现，全球12家知名品牌的儿童及婴幼儿服装上也存在NPE等数种有害物质，并且残留量与之前调查的成人服装相差无几。

2014年组织再于香港、北京和上海购买更多不同产品，结果又揭发八个奢侈品品牌童装残余多种有毒有害EDCs化学物，产品包括防水功能的风衣、鞋、T-shirt及泳衣样本，这些都是大家一向趋之若鹜的品牌，包括Dior、Dolce & Gabbana、Giorgio Armani、Hermès、Louis Vuitton、Marc Jacobs、Trussardi及Versace。

> **小科普** 壬基酚聚氧乙烯醚（NPE）与壬基酚（NP）

壬基酚聚氧乙烯醚（NPE）是一种由人类生产制造的化学物质，并不存在于自然界。这些化合物属于一种被称为烷基酚聚氧乙烯醚（Alkylphenol ethoxylates, APEs）的化学物质，其通常被当作表面活性剂，除了作为纺织品制程中的洗涤和印染助剂，也用于抗氧剂、润滑油添加剂、农药乳化剂、树脂改性剂、树脂及橡胶稳定剂等领域。

含有酚的石碳酸树脂自20世纪70年代起广泛用于生产夹板、汽车以及建筑和器械制造业。酚也被用作耳鼻点滴药水和咽喉口腔药物中的消毒剂。许多家居和商业清洁物品，包括清洁剂、洗发水和表面清洁剂都含有壬基苯酚和壬基酚聚氧乙烯醚。

一旦NPE进入污水处理厂或环境中，就会分解为具有持久性、生物累积性且会干扰内分泌系统的壬基酚（Nonylphenol, NP）。NP 具有模拟天然雌激素的作用，动物实验证明了高浓度的NP和NPE可能导致一些生物体的性发育发生改变，以及影响海洋生物的健康，最明显的就是令雄鱼雌性化（雌雄同体）。由于担心其对人类和其他生物的危害，一些国家和地区如欧盟已经限制其使用将近20年。

壬基酚（NP）在工业上具有广泛的用途，包括制造NPE，此种化学物质又会再度分解成NP。NP被公认为是一种具有持久性、生物累积性且有毒有害的内分泌干扰物。由于其处于环境中的持久性质，NP会在鱼类及其他生物的组织中累积，并通过食物链放大产生负面影响。近来在西欧的医学研究也在人体中发现了NP的存在。NP已是世界各地在处理废水时经常检出的化学物质，由于它对许多水生生物有毒，立刻造成一个环保问题。在美国，NP已经在多个大湖区和纽约市的排水区域检测得到。

NP和NPE都被列入《保护东北大西洋海洋环境公约》第一批优先清除的化学物质名单。该公约的目标是在2020年以前，停止所有有毒有害物质在东北大西洋的排放。而且NP还被列入欧盟水资源架构法令下的"首要有毒有害物质"。此外，自2005年1月起，在欧盟境内，除了一些封闭循环式排水工厂外，任何NP和NPE含量高于0.1%的化学制剂，都不允许在生产中使用和在市场上销售。

2015年7月中旬，欧盟成员国通过禁止进口纺织品含有害化学物质NP和NPE，这是对于相关保护消费者和环境法例的一大进步，并已于2016年1月全面实施。而在地球另一边的纺织品生产大国，我国政府也将NP和NPE列入《中国严格限制进出口的有毒化学品目录（2011）》中，这表示NP和NPE在我国的进出口都要预先进行审查。

但令人遗憾的是，对于NP和NPE在我国国内的生产、使用和排放，目前还没有相关的法规限制。

◆ ◆ ◆

全球每年大约生产800亿件服装，相当于地球上每个人每年平均多购进11件新衣。根据绿色和平调查，20～45岁的地区居民，平均每年丢弃520万件衣服和540万双鞋。除了丢弃大量衣服和鞋子，这份调查还透露：

> 每个地区居民的衣柜里平均每人拥有75件衣服，
> 却有五分之一几乎没有穿过。

服装品牌为了迎合顾客的需求，以及在利润驱使下，不断缩短供货周期，推出符合不停更新的潮流服饰。越来越多的衣服被制造、销售、丢弃，使得衣服生命周期在每一阶段的健康成本和环境成本也越来越大，这无疑在某种程度上也"迫使"供应商做出对于环境和劳工方面不负责任的行为。

试想，即使在衣服中只是使用少量的有毒有害物质，如NPE，但因为生产总量非常巨大，最终仍旧会造成这些有害物质在全世界广泛累积，为服装及纺织产业"去毒"乃是漫漫长路。

近年世界各地兴起一股可持续发展的热潮，而在时装界也兴起了所谓的——Upcycling，有人译作"回收艺术"和"升级再造"，让经典重新给予旧衣产品生命周期。这股风潮在家居电子用品领域特别夯，西方国家很多社区都会定时举办免费修理班，为环保出一份力。

很喜欢以下这句话：

"每一次你花的钱，都是在为你想要的世界投票。"——安娜拉佩

"Every time you spend money, you're casting a vote for the kind of world you want"——Anna Lappe

推荐！家长必看纪录片——*The Disappearing Male*

"我们的孩子和我们孩子的孩子

是我们进行大量毒理实验中的白老鼠。"——加拿大广播公司

男性可能成为濒临灭绝的物种吗？

曾有科学家指出，人类男性可能会在12.5万年后灭绝。

听起来如此荒谬的结论也许并不是危言耸听。加拿大广播公司（Canadian Broadcasting Corporation, CBC）的纪录片*The Disappearing Male*指出，男性的生殖健康已经出现了危机。有越来越多的证据显示，如今充斥在生活中随处可见的EDCs，对男性生殖系统，尤其是男婴的健康，有极其大的损害。

片中提到EDCs对生物的影响，最直接的证据是来自于对野生鳄鱼的一项科学研究。加拿大的野生生物学家发现，杀虫剂等化学物质能改变雄性鳄鱼生殖器官的发育。随着鳄鱼繁衍的湖水，杀虫剂、肥料等内分泌干扰物悄悄扩散、污染，使鳄鱼族群出现大量雌性化，很多雄性鳄鱼性器官只有正常大小的1/3，生育率比平均降低了90%。

同样地，在人类的健康方面，人工化合物的危害也逐渐显现。根据全球的统计，过去50年，男性不育率有激增的趋势，男性精子的浓度已降低一半，从早期的每毫升6000万个降低到4000万个，现在甚至再降到2000万个。精子异常和男性不育的比例也在上升。

而受EDCs危害最大的是孕妇及婴幼儿。胎儿比母亲要敏感很多倍，且自身的细胞没有抵抗能力，孕妇日常所接触的任何东西都能影响胎儿的发育。据《失窃的未来》（*Our Stolen Future*）作者科尔·伯恩（Theo Colborn）教授的研究显示，如日常会接触到的奶瓶、塑料制品中所含的双酚A，进入孕妇体内后，对胚胎发育中的所有器官（比如大脑、胰脏……）都有影响。尤其是双酚A作为一种类雌激素，在雄性

生殖系统的发育中起到关键作用，这种人工合成物质的暴露，可能会导致男性胚胎无法发育成正常男性，造成流产率增加。其后（在婴儿出生后）化学物质也可能通过母乳进一步侵害婴儿的健康。

高度工业化的国家和地区出现性别不平衡的趋势

第一个出现受这类内分泌干扰物质危害的例子，是加拿大恶名昭彰的一座工业城市——安吉万（Aamjiwnaang）。加拿大有四成的化工企业都设在这里，每年都要产生几万吨到几十万吨的污染物，都是可残害生殖系统的有害物质。从20世纪90年代开始，安吉万的男婴出生率就逐渐下降，到2003年情况越发严重，如今这一地区的男婴出生率比女婴少了一半。

安吉万的例子给我们敲响了警钟，如果EDCs的运用没有得到很好的控制，接着会出现第二个、第三个"安吉万"，那么"男性消失"就不再是个匪夷所思的空谈。而实际上这样的案例也确实是越来越多了。根据统计，全球有20多个工业国家男婴出生率下降，从1970年到现在，男婴数目下降了300万。光是在美国和日本两国，按正常统计就少了25万"本该"出生的男婴，而非女婴。

除了男婴出生率下降之外，近年越来越多发的隐睾症、睾丸癌等男性生殖系统疾病，也和EDCs泛滥有密不可分的关系。如多种常用塑化剂能导致哺乳类动物雄性化退减，出现阴茎变小、睾丸下降不全等问题。它们可能通过母乳，或导管、血包等塑料材质医疗用品（溶出的塑化剂），流入脆弱的婴儿体内积累，容易给婴儿（尤其是早产男婴）带来永久性不可恢复的损害。

EDCs污染物与人类生殖异常之间的绝对联系尚未完全确立，原因很简单，因为天下没有母亲愿意让自己的骨肉为科学献身，充当小白鼠直接做EDCs暴露实验。但也有越来越多在美国、日本和欧洲完成的雄性动物研究证据，表明支持有联系的理论，即所谓EDCs具有对男性生殖发展特殊的影响。

■ 涵盖生活中方方面面的EDCs

也许你生活在一个环境优美的城市，空气清新，没有工业污染，所以以为那些危言耸听的EDCs危害似乎离自己很遥远。

但实际上真的是这样吗？

纪录片论述了人们在平时生活中会有多大的可能性接触到这些内分泌干扰物质，以及它们如何渗入人体中。例如危害最恶劣的双酚A，年产量70亿吨，是极其普及的塑料材料——聚碳酸酯的原材料。前文曾提及从20世纪60年代起，它就被广泛应用于生产各种水瓶（包括婴儿用奶瓶）、运动装备、医疗器械、补牙材料、密封剂、眼镜镜片、CD与DVD，以及家用电器外壳。

其中以双酚A为原料的环氧树脂，几乎被用于所有食品与罐装饮料包装的内层涂料。当塑料制品在被洗涤、加热、盛载高脂肪含量的食物，或是施加外力的时候，双酚A就会渗入食物或是水中，然后进入人体内。据美国疾病控制与预防中心一项调查发现，6岁以上的美国人中有93%尿液中含有双酚A，在生育年龄的妇女体内最多，甚至在母乳、孕妇的血液和脐带血中都有发现。

另一种危害性比较大的化合物邻苯二甲酸酯（PAEs），它是塑料工业中最常见的塑化剂（增塑剂/可塑剂），被普遍应用于玩具、食品包装材料、医疗用品（如医用血袋和胶管）、药丸及营养补品的肠衣、清洁剂、润滑油，个人护理用品更是有四分之三含有邻苯二甲酸酯，如香水、眼影、润肤膏、洗发水、沐浴乳等，可以说它基本涵盖了生活中的方方面面。更不要说我们生活中除了这两种化合物外，还有形形色色上万种的人工合成化学物质，8万多种正在使用的化合物中有多少是内分泌干扰物呢？

没有人知道！所以说，EDCs泛滥所带来的危害其实离我们并不遥远，它们在我们的生活中可说是随处可见，衣食住行，从早上起床盥洗用的牙膏、牙刷，早餐的包装袋，到晚上睡觉前会抹的护肤品、喷的香氛都可能含有人工合成化学物质，这些化合物可能正在慢慢侵害着人们的健康。

▌ 如何收拾残局?

与这些不可忽视的危害相对应的，是公众普遍对EDCs危害在认知上的缺失，政府态度不明确，公共卫生防护措施缺乏。2008年加拿大是第一个禁止在食物包装和奶瓶中使用双酚A的国家，其后澳大利亚、美国部分州和零售商也开始逐步淘汰含双酚A的奶瓶。但由于往往涉及庞大的商业利益，一些权威机构如FDA和政府部门的态度始终不明确，只说双酚A的安全性还需要进一步研究，目前还不足以对它采取全面公共卫生措施。

我国疾控中心的一些研究员更有趣，认为双酚A已使用了几十年，并没有发生任何急性死亡的危险就等同安全。而这还只是针对含双酚A奶瓶等食物包装容器而已，和潜藏在我们生活中成千上万种的人工合成化合物大军相比，这些措施还都只是杯水车薪。

也许正如纪录片中开篇所说的那样——

我们在泰坦尼克号上看见了冰山，却已经无法回头。

过去50年我们创造了大量化合物却没有去控制；

而未来50年，我们如何去收拾残局，已成为迫在眉睫的问题。

结语

从一开始只是用3个月时间完成，大约2万～3万字，打算在香港出版的"少字"初稿，到最后几次增删、调整结构，花了差不多四年才写完的详尽版本，说把书完成，其实又不完全正确，因为想要写的东西实在是太多了。

和其他出过书的朋友分享写作经历，他们所关心的，除了离不开必问的何时完工出版，以及说笑的索要签名版本外，最多人提及的是怕我书中有些"口不择言"的内容，可能会惹上法律责任和得罪我的客户。老实说，我的确有所避忌，几经三思后，有些潜在争议影响极大的内容，还是不得不暂时收起，如果日后有机会加印甚至出版第二版，或许有些更敏感的内容可以在下回分解，但幸好这并没有违背我的写作目的——教育市民大众，而非"爆料"。

忘记了是哪位哲学家还是思想家的一段话，大概意思是"悲观者和乐观者的主要区别，在于悲观者拥有的信息比乐观者多"。读者或许都觉得我是前者，因为认为我知道的EDCs信息比一般人多，而又眼见每天这些潜在灾害分分秒秒地发生在大众包括自己身上，避无可避！出奇的我倒没有悲观，热爱历史的我，发现历史出现过的灾难，人类最终都会自我修正，只是时间长短的问题。眼见我和同事所做的事，能够在这个修正过程中用上科技出谋划策，为社会做点贡献，反而已经感到非常荣幸。

过去几年，因工作关系参加不少有关EDCs的国际会议，有时也有幸被邀请为主讲者之一，尤其是在欧洲，我这位在与会者中算是极少数没有PhD

（博士头衔）的家伙，经常被主持人介绍为Jimmy教授（Professor Jimmy），
"注了水"的头衔每次都使我有点尴尬。这些学术会议上出席的科学家，很
多都是世界一流、重量级的科学界人物，他们在会中发表内分泌干扰物的研
究，讲的是与全球息息相关的大事，但可惜您不会在那里看到带着照相机的
记者和起草立法的政客。

因为不少科学家惯用的语言都好像来自外太空，一般人根本听不明白，
又怎会引起主流人士的兴趣呢？结果那些"奥斯卡"级的会议就因此沦为行
内人自己的独角戏，我之前也曾不时犯同样的毛病，对着行外人用太多科学
术语，幸得智者、好友的提醒，希望出版此书能够在鸿沟当中填补一点点。

不知道为什么，每次想转发外国有关EDCs在衣食住行的实用信息给
国内的朋友，网络连接总是不那么畅顺，作者一直深感抱歉，未能满足他们
的好学心，我已计划准备把若干数目的书本送给你们，希望书中的信息能对
大家有价值，进而引发思考。

女性	男性
乳腺癌	前列腺癌
子宫癌（不包括病毒性引起的）	睾丸癌
卵巢癌	精子数量与品质下降
甲状腺癌	

在翻页致谢前，我有一个小小的请求。曾经罹患（或刚确诊）上表所列
疾病，或有相关家族病史的朋友，请把此书送一本给您的医生，书中很多内
容他们在学校学习时未必看过。希望他们读完后，至少会在预防疾病上把您
照顾（和建议）得更好，我说"希望"，因为历史总是告诉我们，有为数不
少的专业和高知识分子会选择相信如"香烟尼古丁无害"或"含铅汽油安全"
等宣称。

最后祝各位读者身体健康！

致谢

此书能成功出版，要感谢的天使实在太多了。首先谢谢出版社总编靖卉和主编淑华的厚爱，不仅在当初对本书题目表示兴趣，也为我只有"半桶水"的中文写作重新赋予文字力量和灵魂。

此外，感谢替我卖力引介台湾地区出版社的诚品Clark麦理士；帮我书中部分文字内容出谋献策的几位暑期实习生，包括我英国剑桥大学的学弟妹Arica陈思桦、Victor黄贤玮，加拿大英属哥伦比亚（UBC）大学的Johnson何俊生，香港大学医学院的Juno罗骏和来自瑞典的俊男Martin Stenberg。

而对于同事欧洲及英国注册毒理学家（ERT）陈雪平博士、Eric陈子翔、Jeffery章子豪、瑞典卡罗林斯卡医学院（Karolinska）Ian Cotgreave教授、洛桑理工学院（EPFL）Stefan Meyer博士、比利时鲁汶大学（KU Leuven）Peter de Witte教授、香港城市大学郑淑娴教授、前世界卫生组织（WHO）食品安全主任Jørgen Schlundt教授、周壮群医生、营养师李杏榆女士和麻省大学的Kathleen Arcaro教授，为我的科学知识和写作题目提供帮助与灵感，并且包容我因写作而偶尔怠慢了日常工作，也要衷心致上最诚挚的谢意。

最后还要感谢家人的体谅和支持。写作期间，周末假日常常疏于陪伴家人，谢谢你们的包容，当我独自在办公室写作的夜晚，你们是鼓舞我写这本书最大的动力。

小鱼亲测报告

严 测 产 品

×

健 康 生 活

　　2017年5月，总部位于中国香港的水中银（国际）生物科技有限公司（"水中银"）宣布应用全球独家"转基因青鳉鱼"及"斑马鱼"胚胎毒性测试技术于日常食用品及护肤品，发布全球首个以生物测试Testing2.0技术作产品检测的消费品安全资讯平台——"小鱼亲测"（网址：www.fishqc.com），其中的"转基因青鳉鱼"胚胎毒性测试技术就是针对产品中雌激素活性测试。借此提高市面产品安全的透明度，让大众通过客观的科学检测数据做出更安全的购买选择。

　　前文提到符合传统1.0测试方法及法规是消费品进入市场的最基本要求。"小鱼亲测"以消费者身份，定期在大型超市、连锁店、网上货架抽样购买不同类型的食、用品，以生物测试技术Testing 2.0进行检测，把产品检测结果安全属性分为三类：绿鱼—黄鱼—红鱼，让消费者易于识别货架上产品的安全属性。

　　参考欧盟、世界卫生组织、经济合作与发展组织，以及包括美国、日本及中国等多个国家与国际安全标准，"小鱼亲测"通过同类产品横向比较：

- 绿鱼代表"品质卓越"，产品于急性、慢性毒检测及禁用成分筛查中表现理想，消费者可以安心选购；
- 黄鱼代表"基本合格"，产品于急性、慢性毒检测及禁用成分筛查中基本合格，消费者选购时需要审慎；
- 红鱼代表"有待改善"，产品于急性、慢性毒检测及禁用成分筛查中存在一项或多项未达标准，建议消费者选购时需特别谨慎。

■ 三色小鱼如何定义？

绿色小鱼　品质卓越

获得绿色小鱼的产品，消费者可以安心购买。
检测样本在青鳉鱼胚胎慢性毒物测试中，符合参考
世界卫生组织（WHO）的安全指引；在斑马鱼胚胎
急性毒物测试中，高浓度测试时鱼胚胎死亡率低于
50%；在成分筛查中，没有查出任何禁用成分和潜
在风险成分。

慢性毒物测试☑
急性毒物测试☑
成分筛查测试☑

品质卓越

黄色小鱼　基本合格

获得黄色小鱼的产品，消费者购买时要谨慎。
检测样本在青鳉鱼胚胎慢性毒物测试中，符合参考
世界卫生组织（WHO）的安全指引；在斑马鱼胚胎
急性毒物测试中，标准浓度测试时鱼胚胎死亡率低
于50%；在成分筛查中，没有查出任何禁用成分，
但有潜在风险成分。

慢性毒物测试☑
急性毒物测试☑
成分筛查测试☑

基本合格

红色小鱼　有待改善

获得红色小鱼的产品，建议消费者购买时特别谨慎。
检测样本在青鳉鱼胚胎慢性毒物测试中，不符合参
考世界卫生组织（WHO）的安全指引，或鱼胚胎在
标准浓度下死亡率高于50%；在斑马鱼胚胎急性毒
物测试中，标准浓度测试时鱼胚胎死亡率高于50%；
在成分筛查中，有查出禁用成分。

慢性毒物测试☒
急性毒物测试☒
成分筛查测试☒

有待改善

鲭鳉鱼胚胎慢性毒物测试

水中银将获得诺贝尔奖的绿色荧光蛋白基因转入青鳉鱼胚胎中，进行超过10代的繁殖和维护，并应用其胚胎建立了雌激素当量（EEQ）测试，用于筛查类雌激素这一大类慢性毒物。在这个测试中，样本经专利保护的水中银样本前处理技术提取后，应用同样受专利保护的转基因青鳉鱼自由胚胎进行测试。根据荧光强度量化产品的类雌激素浓度，类雌激素活性越强，光线就越强，进而依据世界卫生组织（WHO）和联合国粮农组织（FAO）关于雌激素的安全指引，对测试样本的消费安全性进行风险评估。此技术可以识别包括但不限于农药、兽药、抗生素、激素、塑化剂、有机持续污染物等在内的类雌激素化学物质。

斑马鱼胚胎急性毒物测试

斑马鱼胚胎测试技术荣登世界顶级科学杂志*Nature*封面文章。维康桑格研究所（Wellcome Sanger Institute）研究结果指出，斑马鱼和人类致病相关基因相似度高达84%。斑马鱼具有和人类功能相同的器官组织（如心脏、血管、肝脏、肾脏、胰脏及神经系统等），以及和人类高度一致的生理反应，已证明能够筛选超过1000种有毒化学品，被广泛应用于药品的安全性与功效评估。因此，对斑马鱼胚胎有毒的物质，对人类也极可能有害。当遇到有害物质，鱼胚胎会异常，如头部或尾部出现肿瘤、心脏水肿，严重情况是鱼胚胎直接死亡。

样本产品完成前处理后会应用优化版的OECD TG 236标准方法进行斑马鱼胚胎测试，以找出导致一半测试斑马鱼胚胎死亡的浓度（半致死浓度，LC_{50}）。

产品成分筛查

水中银通过后台独有的成分筛查演算法，与FDA、欧盟、日本、中国的食品和药品管理部门、FAO和WHO的食品法典（CODEX Alimentarius）等相关标准进行成分比对，进一步增强市售产品安全性。

产品不得含有被以下政府或相关管理部门禁用的材料，包括已证实会引起并发症、生态毒性或经科学安全评估证明造成污染的化学物。有关政府、相关部门及条例如下：

- 美国食品和药物管理局《在食品、药物、化妆品和医疗设备中使用的颜色添加剂概要》和《禁用与限制成分》，以及《食品添加物状况列表（EAFUS）》。
- 欧盟委员会第1333/2008号、1223/2009号、1129/2011号和1130/2011号，以及欧盟化学品管理局高度关注物质（SVHC）列表（2017）。
- 我国国家食品药品监督管理总局《化妆品安全　技术规范》（2015）及《食品安全国家标准　食品添加剂使用标准》（GB2760—2014）。
- 日本《化妆品标准》（2000）及《食品添加物使用标准》（2017）。
- 粮农组织和世卫组织《食品法典》。

◆　◆　◆

2017年"小鱼亲测"平台共发布12期检测报告，当中包括食用油、BB霜、速溶咖啡、防晒霜、婴儿产品、护唇膏、牛奶、冰淇淋及面霜、口红等产品，现阶段只公布获得绿色小鱼的产品，主要是为了表彰那些品质卓越的品牌。提供这些报告目的是给业者提供更多有用的咨询与洞察，让他们通过测试结果了解其在供应链中的机会与弱点，用领先的技术与科学数据帮助他们行动起来，进一步提升产品安全，同时也满足了消费者能按照绿色小鱼榜单购物的需求。以下收录其中八期与本书内容相关和有趣的产品报告，供大家参考。

食用油的选择直接影响一个家庭的健康，你选对了吗？

食用油

　　食用油是我们每天饮食生活不可或缺的一部分。经历过地沟油事件，"小鱼亲测"首个检测项目就选择食用油。从中国香港大型超市百佳、惠康、一田百货，大昌食品市场、AEON、City'Super、Fusion及Market Place by Jasons购回115款食用油，里面包含了我国及国际知名品牌如刀唛、百益、狮球唛、加利奥等，分别来自中国香港、中国大陆、意大利、美国。此份报告显示测试的115款食用油品牌当中，有49款产品测试结果为绿鱼、23款产品为黄鱼、43款产品为红鱼。

48款食用油安全榜单查看网址：https://goo.gl/T3kwsU

■ 在各样本中，椰子油、橄榄油、亚麻籽油、菜籽油及芝麻油表现较差

　　在测试常见的14款食用油品时，发现一直很受推崇的椰子油、橄榄油、亚麻籽油、菜籽油及芝麻油表现均低于平均水准。受测试的5款椰子油，只有1款（20%）为绿鱼，2款（40%）为黄鱼，2款（40%）为红鱼；另

外，在测试的44款橄榄油中，只有7款（16%）为绿鱼，7款（16%）为黄鱼，30款（68%）为红鱼；至于亚麻籽油、菜籽油及芝麻油，所有测试产品均为红鱼。

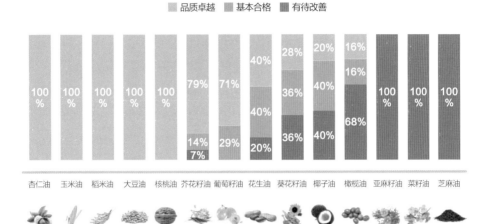

■ 欧洲生产的食用油表现最差

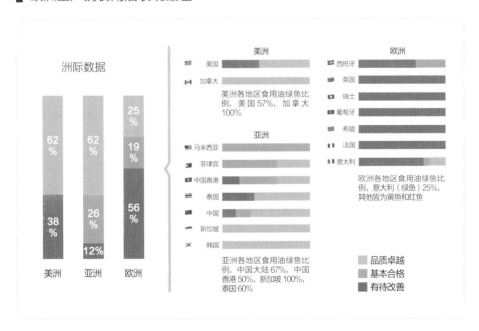

在产地表现中，欧洲地区生产的食用油表现最差，超过半数（56%）产品为红鱼，绿鱼则占25%；亚洲的表现较其他地区为佳，以香港地区为例，约两成产品为红鱼，五成以上产品达绿鱼级别，消费者可安心选购。

▌价格昂贵的食用油并不等于更安全

测试的115个样本中，价格的中位数为人民币77元/升。其中，价格高于114元人民币/升的40个样本中，有6款为绿鱼，5款黄鱼，29款红鱼；价格在44～114元人民币/升的31个样本中，有13款为绿鱼，8款黄鱼，10款红鱼；价格在44元人民币/升以下的44个样品中，有30款为绿鱼，10款黄鱼，4款红鱼。最便宜的油为13元人民币/升；最昂贵的一款油产自意大利，价格为1803元人民币/升，相差将近140倍。

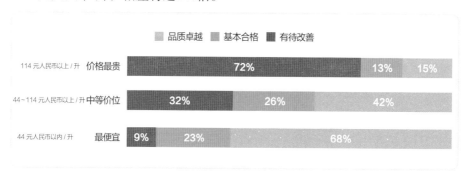

▌食用油的常规测试方法与指标存在局限

现有法规中针对食用油一般检测指标为：苯并芘（BaP）、黄曲霉毒素（total aflatoxin）、酸价（acid value）、过氧化值（peroxide value）、总极性物质（total polar material）、重金属（heavy metals）：砷（As）、镉（Cd），铬（Cr）、汞（Hg）、铅（Pb）、锑（Sb）、锌（Zn）。

然而，食用油中可能存在一些现有常规检测指标中没有提及，但对人体健康有害的物质：高毒性油脂氧化产物（Toxic lipid oxidative derivatives）、农药（Pesticides）、植物毒素（Phytotoxins）、防腐剂（Preservatives）。而小鱼亲测所采用的领先生物测试技术Testing2.0能够覆盖以上指标。

【事件回顾】2014年轰动全球的劣质油事件，香港地区食物安全中心检取46个高危和可能受污染的食物与猪油样本进行测试，测试结果全部合格；而台湾地区检查的地沟油（强冠公司使用废弃食用油作为香猪油原料），卫生福利部门检测也合格。台湾大学公共卫生学院院长陈为坚抨击政府只检验常规专案，回收油中含有许多致癌物质无法被发现。台大食品科技研究所荣誉教授孙璐西、台大医院肾脏科主治医师姜至刚、屏东美和科大副校长兼食品营养系教授陈景川、高医毒物室主任陈百熏等人直言抽验的方式有失周全，油品中可能存有其他未知的有害物质，建议改变检验方式。台湾地区"食公所"曾在市面得到一批已知样本（其中55%为劣质油），通过小鱼亲测（水中银技术支持）的鱼胚胎毒理生物检测技术进行检测，测试结果显示和油样本资讯100%吻合，有效鉴别出劣质油品。

此次抽样检测，水中银在货架上买到两款过期的食用油，其中一款为红鱼，检测结果显示其毒性比部分已知地沟油还要高。

■ 食用油小知识：

《中国居民膳食指南》建议成年人每天摄取油量应为20~25g，然而我们实际摄取甚至超过49g，将近标准的两倍。

在燃烧的油锅中加入常温食用油可以灭火。

人体包含六大营养物质，通常必需脂肪酸总量的70%来自食用油。

食用油是蟑螂的最爱。

食用油反复使用3次，致癌物提高约10倍。

根据世界卫生组织、中国营养学会建议，6个月以上的婴儿可少量摄取核桃油、橄榄油、花生油以及芝麻油。

■ 更多食用油小科普：

烹调时，冒烟下菜是大忌

中式炒菜喜好高温度，油脂在高温下会发生多种化学变化，油烟是最坏的产物之一。油烟中的丙烯醛具有强烈刺激性，易催泪，吸入人体会刺激呼吸道，引发咽炎、气管炎、肺炎等。

同一类型的食用油，颜色越淡，精炼度越高

油的纯度直接影响其颜色深浅，油的主要成分甘油三酯是无色透明的，使食用油显黄色的是叶绿素（脱镁）、胡萝卜素、植物固醇、磷脂等。如果是同一类型植物油，颜色浅的相对有优势，但不排除有故意进行脱色处理。

"4看1闻"挑选品质优良的食用油

消费者可通过"看色泽、看透明度、看有无分层现象、看标示的品质等级、闻气味"的方式挑选食用油。品质优良的食用油色泽较浅、无混浊物、无分层现象，开封后没有酸败味、溶剂味。

玉米油、花生油以及淡橄榄油都比冷压椰子油适合高温煎炸

油的烟点与其精炼程度有关，精炼程度越低，多不饱和脂肪酸含量越高，烟点低，且不耐热。动物油、花生油、玉米油以及淡橄榄油是含饱和脂肪酸较高的油品，化学性质稳定，不易起油烟，适合高温煎炸。

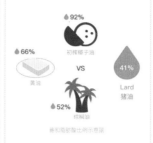

过量饱和脂肪酸会增加冠心病风险

油的纯度直接影响其颜色深浅，油的主要成分甘油三酯是无色透明的，使食用油显黄色的是叶绿素（脱镁）、胡萝卜素、植物固醇、磷脂等。如果是同一类型植物油，颜色浅的相对有优势，但不排除有故意进行脱色处理。

食用油也会怕光怕热

食用油应该采用避光深色玻璃瓶储存，并远离炉灶摆放。食用油长期与阳光接触会氧化变质，长时间受热会分解出亚油酸，与空气中的氧发生化学反应，产生醛、酮和其他有毒物质，食用这种油会出现恶心、呕吐、腹泻等症状。

食用油低温结晶是正常现象

食用油之所以会结晶，与其热熔性能不同有关。一般来说，饱和脂肪酸含量越高的食用油就越容易凝固。当温度低于凝固点时，油品就会结晶、凝固，出现絮状、小颗粒、"沉淀"或全部冻结等现象，但冻结丝毫不影响口感和品质，只要放在温暖的室内，就会恢复到原来的清澈状态。

6个月以上婴儿适量吃食用油可促进脑部发育

根据世界卫生组织、中国营养学会有关婴幼儿膳食营养的要求，6个月以内的婴儿最好的食物是母乳，而6个月以上婴儿可少量摄入核桃油、橄榄油、花生油以及芝麻油，但大豆油、葵花籽油、动物油慎吃。

品质高的植物油可卸妆

古代中国人用猪油、凡士林卸妆，现今卸妆油是"以油溶油"，溶解彩妆中添加的防脱妆成分。人的皮肤中，含有大量不饱和脂肪酸，而植物油中的油酸可加大皮肤保湿力度，亚油酸可以修复肌肤屏障，亚麻油酸则可以增强肌肤弹性，延缓衰老。

你用的BB霜安全吗？遮瑕或留瑕就看你的选择

BB霜

时尚男女对于美容的追求层次极高，即使本身肤质年轻通透，也日渐对美容化妆品产生依赖。BB霜能够呈现多元美颜功效，自推出后便迅速成为女性美妆品的颜值保证。而令各位女神爱不释手的气垫BB霜，其品质对脸部肌肤修饰具有关键性的掌控作用。

以市售43款畅销BB霜及气垫BB霜进行检测，其中包含国际知名品牌如YvesSaintLaurent、M.A.C.，Dior，Innisfree，SKⅡ，Laneige，Shisheido以及雪肌精、雪花秀等。结果显示，在样本安全测试中，有24款显示代表品质卓越的绿鱼、1款为基本合格的黄鱼、18款为有待改善的红鱼。有国际知名BB霜品牌被验出高浓度类雌激素，其中含量最高的样本，每克含量接近一粒避孕药。另外，从这份报告中也发现，大多数标有防晒系数（SPF）的样本，SPF数值越高，未能通过安全测试的样本数目也会相对提高，民众在选购时须加倍留意。

43 样本数　**32** 品牌　**24** 品质卓越　**1** 基本合格　**18** 有待改善

测试结果
在我们测试的43个BB霜样本中，包含了32个品牌，其中品质卓越的产品有24款，基本合格的产品有1款，有待改善的产品有18款。

26款BB霜安全榜单查看网址看：https://goo.gl/nCkUUt

■ 国际知名品牌BB霜被检出高含量类雌激素，最高1克含量接近1粒避孕药

> 这次抽检样本中，某些国际知名品牌BB霜被检出高含量类雌激素，其中某款检测结果发现其类雌激素含量高达8400纳克/克，1克的含量接近一粒避孕药（类雌激素含量为10000纳克）。换言之，涂抹1克BB霜，所摄入类雌激素就超过世界卫生组织所指引每日可摄取量的10倍。世界卫生组织与联合国也表示，这类物质可能引发人体各种疾病，如癌症、生殖能力下降、神经系统紊乱、儿童性早熟及糖尿病等。

这项实验的结果，让人震惊，无法想象长期使用含高浓度类雌激素的BB霜，将会对人体健康构成多大的威胁。

■ 中等价格产品性价比更高

就价格而言，购回的43款样本当中，价格的中位数为8元人民币/克。价格最低为1.6元人民币/克，最高为30元人民币/克，相差18倍。

其中，价格在3.2元人民币/克以下的样本，绿鱼仅占4个（29%），黄鱼占1个（7%），红鱼比例高达9个（64%）；价格范围在3.2~8.4元人民币/克的样本，绿鱼占13个（87%），红鱼仅2个（13%）；价格在8.4元人民币/克以上的样本，绿鱼和红鱼各占7个（50%）。

总而言之，大部分低价BB霜的品质未臻理想，建议消费者选购时要特别谨慎；高价BB霜好坏参半，即使知名昂贵品牌也未必能够如实反映，消费者要审慎留意；反之，价格中等的样本，在这次检测中表现较优。

品质卓越　基本合格　有待改善

价格最贵
8.4元人民币/克以上

价格在8.4元人民币/克以上的样本，绿鱼和红鱼比例各占50%。

中等价位
3.2~8.4元人民币/克

价格范围在3.2~8.4元人民币/克的样本，绿鱼占87%，红鱼仅13%。

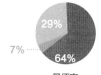

最便宜
3.2元人民币/克以下

价格在3.2元人民币/克以下的样本，绿鱼仅占29%，黄鱼占7%，红鱼比例高达64%。

■ 品牌起源地，各洲表现平均

就品牌生产地，亚洲与欧美地区相比表现较佳，半数或以上的亚洲品牌被列入绿鱼，统计绿鱼占15个（58%），黄鱼1个（4%），红鱼9个（38%）。其中，日本出产的BB霜样本，绿鱼比例高达88%；而韩国出产的样本，绿鱼比例也高于80%。

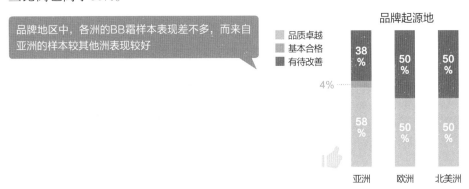

> 品牌地区中，各洲的BB霜样本表现差不多，而来自亚洲的样本较其他洲表现较好

品牌起源地

品质卓越 / 基本合格 / 有待改善

亚洲: 38% / 4% / 58%
欧洲: 50% / 50%
北美洲: 50% / 50%

■ 同类型产品安全性检测，结果显示无明显差别

市面上与BB霜同类型产品有CC霜和DD霜等，而这次也同时对同类产品进行检测。功效上，BB霜注重遮瑕，CC霜注重提亮肤色，DD霜则注重抗衰老。检测结果发现三种类型的产品在绿鱼、红鱼比例上数值相当。因此，BB霜、CC霜和DD霜在功能及安全性上实质相差不大。

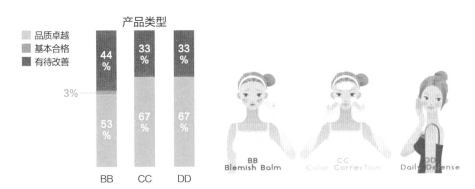

产品类型

品质卓越 / 基本合格 / 有待改善

BB: 44% / 3% / 53%
CC: 33% / 67%
DD: 33% / 67%

BB Blemish Balm
CC Color Correction
DD Daily Defense

■ SPF指数上升，产品安全系数明显下降，防晒效果SPF30以上未必递增

根据美国环境保护署的指引："SPF 15的防晒霜能遮挡93%的UVB（中波紫外线）；SPF 30的防晒霜能遮挡97%；而SPF 值为45的产品则可以遮挡

98%。"因此，并非SPF指数越高，防晒的效果越显著，SPF30以上的防晒效果几乎没有太大分别。

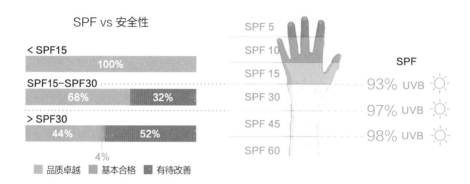

SPF vs 安全性

< SPF15
100%

SPF15–SPF30
68%　32%

> SPF30
44%　52%
4%

■ 品质卓越　■ 基本合格　■ 有待改善

SPF 5
SPF 10
SPF 15
SPF 30
SPF 45
SPF 60

SPF
93% UVB
97% UVB
98% UVB

但在品质检测中，发现SPF15以下的绿鱼占100%；SPF15~SPF30的绿鱼占68%，红鱼占32%；SPF30以上的绿鱼仅占44%，黄鱼4%，红鱼52%，高于绿鱼比例。显然，随着SPF指数的上升，安全系数明显下降，建议消费者选购SPF值在30以上的BB霜要特别谨慎。

■ BB霜小知识：

BB霜里没有"宝宝"，BB是Blemish Balm的缩写，即伤痕保养的意思。源自德国，后来韩国将其改良并发扬光大！

BB霜最早用于医学，独得需要接受激光治疗者的宠爱。

BB霜自曾祖辈演化至今共四代。曾祖父名叫伤痕保养霜，爷爷叫保养霜，爸爸叫BB霜，已名扬四海的孙儿叫气垫霜。

自古以来，美容事业的发展从未间断。米粉和铅粉是古代人遮瑕的撒手锏，BB霜则是现代人对付瑕疵的秘密武器。

比较同类型产品，BB霜是最佳遮瑕圣手，CC霜利于提亮肤色，DD霜抗衰老最有效。

欧巴（oppa）的日常：在韩国，接近1成男性每天使用BB霜。

■ 更多BB霜小科普：

价格便宜的BB霜在安全测试中表现相对恶劣，选购时须谨慎

这次样本检测数据显示，低价格范围样本（＜3.2元人民币/克）的安全系数较低，绿鱼仅占29%，红鱼比例却高达64%。因此，建议消费者购买便宜的BB霜要谨慎。

推开BB霜的正确方式："点"涂

涂BB霜时不能随意涂抹，否则不容易推匀。先挤出珍珠大小的BB霜，利用指尖在额头、鼻尖、下巴、颧骨等部位"点"开，均匀涂抹，效果更轻薄。

不能和粉底混合用

BB霜是万用产品，很多BB霜的成分都包含遮瑕、美白及提亮肤色的功效，不再需要粉底做过多修饰，也不能与粉底混合使用，对皮肤造成隐形的伤害。

买BB霜很重要的一点就是要看色号

挑选BB霜色号时，要用脸部及颈部的皮肤作比较，而不是用手上的皮肤。因为手上皮肤颜色与脸部的还是有些差异。

用完BB霜后必须卸妆

现在很多BB霜产品都是提取植物精华，天然无害，但它毕竟还是一款化妆产品，长期使用而忽略清洁工作，容易导致毛孔堵塞，引发痘痘症状，所以使用后必须卸妆。

脸上有痘痘时慎用

BB霜是一款多功能的彩妆产品，痘痘肌肤使用会加重毛孔负担，使毛孔中油脂堵塞程度更甚，加重痘痘的症状，使其发展成为脓包。

肤色提亮可选用气垫BB霜

气垫BB霜是一种海绵气垫式冷凝霜，粉扑上分布着近百万微气孔，轻压可将粉状质地瞬间雾化，使凝霜变得细腻柔滑，加上带有美白保养成分，通过粉扑雾化后上妆能提亮肤色。

男生可选择专用BB霜

男士BB霜颜色较深，质感偏哑光，更注重控油保湿。购买时选跟自己肤色最接近的色号即可，如果想要看起来更阳刚，可以选择深一号的BB霜。

BB霜喜欢"藏"在气垫里

用来储存霜体的海绵是夹心结构，内含锁水网格，维持霜体的水润度。但网格会阻隔霜体挤出，使BB霜"躲藏"起来。当使用时感觉难以按压出粉霜，可将海绵取出，翻转并放回原处，就能轻易找出"藏"起来的BB霜了。

提神只是心理作用，速溶咖啡可能只含极少量咖啡成分

速溶咖啡

近年来咖啡热潮风靡全球，不仅成为饮食文化的新指标，更被喻为身份的象征。然而，连锁店咖啡售价始终较速溶咖啡昂贵，且速溶咖啡的口味不断推陈出新，冲调方便，不少咖啡族也爱当"咖啡调配师"，在办公室或家中自行冲调。可是在选择速溶咖啡产品时，大家往往忽略了它里面一系列添加成分，摄取过量有机会构成健康风险。有鉴于此，水中银从超市（百佳、惠康、City'Super）及网上平台（京东、天猫）采购了11个品牌，共30款畅销速溶咖啡样本做鱼胚胎毒性检测，当中包含了星巴克（Starbucks）、雀巢（Nestlé）、麦斯威尔（Maxwell）等知名品牌。结果显示，30个样本中有13款显示为绿鱼、7款为黄鱼、10款为红鱼。

就整体安全而言，东南亚生产的速溶咖啡品牌比欧美差；速溶泡沫咖啡（Cappuccino）的整体安全性最低，过半数样本未能通过安全测试。另外，结果也发现，速溶咖啡的平均毒性比连锁店咖啡高出1.8倍，但部分测试样本中的咖啡含量只占总成分5%～9%，并不是致毒源头，推断其毒性主要来自其余九成的饮品添加剂，包括稳定剂、乳化剂、抗结块剂、调味剂等。

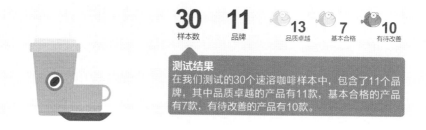

30 样本数　**11** 品牌　🐟 **13** 品质卓越　🐟 **7** 基本合格　🐟 **10** 有待改善

测试结果
在我们测试的30个速溶咖啡样本中，包含了11个品牌，其中品质卓越的产品有11款，基本合格的产品有7款，有待改善的产品有10款。

13款速溶咖啡安全榜单查看网址：https://goo.gl/y2tbfa

■ 品牌所在地中，东南亚品牌样本的品质令人担忧

　　以品牌所在地来看，东南亚（马来西亚、越南）品牌的样本表现令人担忧：9个样本中，绿鱼占2个（23%），黄鱼占4个（44%），红鱼则占3个（33%）；东亚地区（日本、韩国）品牌的样本表现也不乐观：检测5个样本，绿鱼和红鱼均占2个（40%），黄鱼占1个（20%）；欧美地区（瑞士、德国、美国）品牌的样本情况较好：16个样本里面，绿鱼占9个（56%），黄鱼占2个（13%），红鱼占5个（31%）。

品质卓越　　基本合格　　有待改善

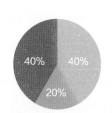

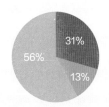

东亚

东亚地区（日本、韩国）品牌的样本表现不容乐观：绿鱼和红鱼占比均为40%，黄鱼占20%。

东南亚

东南亚地区（马来西亚、越南）品牌的样本表现令人担忧：绿鱼仅占23%，黄鱼占比高达44%，红鱼占33%。

欧美

欧美地区（瑞士、德国、美国）品牌的样本情况较好：绿鱼占56%，黄鱼占13%，红鱼占31%。

■ 样本的原料产地中，东南亚地区的成绩依然垫底

　　检测抽取原料产地在东亚（中国、日本、韩国）、东南亚（越南、马来西亚、泰国）、南美洲（厄瓜多尔、哥伦比亚）、欧洲（英国、德国）四

个地区的样本。结果发现，东亚地区的样本中绿鱼占43%，黄鱼仅7%，红鱼高达50%；东南亚地区的样本中绿鱼占30%，黄鱼占40%，红鱼则占30%，总体成绩较东亚地区更不理想；南美洲地区的样本中绿鱼和黄鱼比例各占50%；欧洲地区表现卓越，绿鱼率达100%！

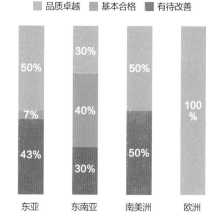

品质卓越　基本合格　有待改善

东亚　东南亚　南美洲　欧洲

咖啡小科普　**咖啡最理想的种植环境**

北纬25度到南纬30度之间最适合种植咖啡树；温度介于15～25℃，全年降雨量1000～1800毫米；日光是不可或缺的，但全日强光会妨碍开花结果，因此需要适当地遮阴；咖啡种植要求土地排水良好，含火山灰质的肥沃土壤为佳；海拔800～1200米最为适合，而且需要静风的环境。

◆　◆　◆

生产地区当中，东亚及东南亚地区的整体环境算是比较适合种植咖啡，但绿鱼品质却低于较不适合种植咖啡的欧洲。

速溶咖啡平均毒性较连锁店咖啡高

在急性毒物测试中，速溶咖啡的毒性高于连锁店咖啡。从两种品类咖啡的制作过程可推断，当中的一些成分产生了毒理反应，导致品质受损。

连锁店咖啡

速溶咖啡

■ 你在喝的速溶咖啡，也许并不是咖啡

大部分样本仅含有9%或更少量咖啡，只有个别样本的咖啡含量达100%。而且速溶咖啡中含有大量食品添加物，包括植脂末、乳化剂、稳定剂等。

【事件回顾】日本药学博士三宅美博、古野纯典等多位学者对日本人饮用速溶咖啡与滤泡式咖啡对胆固醇的影响展开长达六年的研究，并选定4587人为研究对象，发现传统式滤泡咖啡不会影响胆固醇浓度，但是喝速溶咖啡则会明显提高总胆固醇浓度及低密度脂蛋白。这可能是由于速溶咖啡或三合一咖啡添加了大量的糖和植脂末。

由少量咖啡及大量添加物混合而成的饮品，早已破坏咖啡的原有风貌。也许，手中的速溶咖啡，准确来说只是一杯速溶热饮。

■ 添加物数量或许是影响咖啡品质的因素之一

速溶咖啡的样本检测结果显示，泡沫咖啡表示品质卓越的绿鱼占比只有29%，基本合格的黄鱼占14%，有待改善的红鱼则占57%。

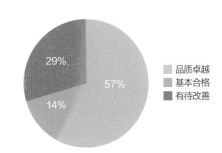

品质卓越
基本合格
有待改善

29%
57%
14%

经数据分析后，发现速溶的泡沫咖啡中含添加物成分达15种，远高于其他品类。因此，添加物数量越多，越有可能对咖啡品质造成负面影响。

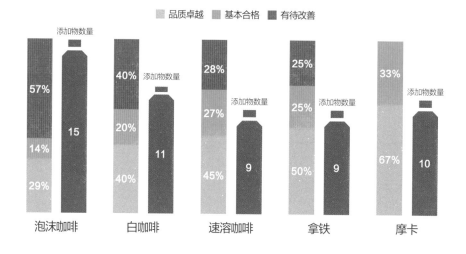

咖啡小科普　泡沫咖啡（卡布奇诺）

这是一种以相同分量的意大利特浓咖啡和蒸汽泡沫牛奶混合制成的意式咖啡。传统的泡沫咖啡是1/3浓缩咖啡、1/3热牛奶和1/3奶泡，并在上面撒上肉桂粉。

◆　◆　◆

■ 高价格并不能成为安心消费的指标

就价格而言，购回的30个样本当中，平均价格为3.5元人民币/包。价格最低为0.88元人民币/包，最高为10元人民币/包，相差11倍。

其中，价格在2.4元人民币/包以下的样本，绿鱼占4个（45%），黄鱼占2个（22%），红鱼占3个（33%）；价格范围在2.4～3.3元人民币/包的样本，绿鱼占5个（56%），黄鱼占1个（11%），红鱼占3个（33%）；价格在3.3元人民币/包以上的样本，绿、黄、红鱼比例平均，分别占4个（33.3%）。

总括而言，高价格的样本好坏参半，并不存在"越贵越安全"的必然定律；反之，价格中等的样本，在这次检测中表现较优。

品质卓越　基本合格　有待改善

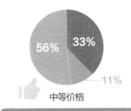

价格最低

中等价格

价格最高

价格在2.4元人民币/包以下的样本，绿鱼占45%，黄鱼占22%，红鱼占33%。

价格介于2.4～3.3元人民币/包的样本中，绿鱼占56%，黄鱼仅占11%，红鱼占33%。

价格在3.3元人民币/包以上的样本，绿、黄、红鱼比例平均，均占33.3%。

■ 食品添加物为毒性源头

食品添加物对食品工业而言十分重要，不仅有助改善食品的稳定性、增加色、香、味，同时延长保存期限[20]。然而，某些化学成分却有机会导致潜在健康风险。在速溶咖啡成分标签上，植脂末往往放在最前面，其主要成分包括氢化植物油、葡萄糖浆和酪蛋白，能增强咖啡的速溶性，注入水中形成均匀的奶液状，但实际上未必含牛奶，多半含有氢化脂肪及反式脂肪，摄取过量会增加体内低密度脂蛋白胆固醇含量，增加罹患心血管疾病的风险。近年也有科学研究证实，反式脂肪与罹患阿兹海默病、不孕、乳腺癌、前列腺癌等有关。

另外，速溶咖啡中的营养成分也值得关注，尤其脂肪、热量及糖摄取量。糖分为速溶咖啡主要成分之一，按照营养标签所示，个别测试样本的糖含量达19克/包，而世界卫生组织（WHO）建议每日糖摄取上限为50克，大约10茶匙，若以三餐计算，糖摄取量很有可能超标。在14个明确标示糖分的检测样本中，糖含量介于0.6～19克/包。

而根据产品包装上的冲调指引，发现8个样本的糖分含量超过香港地区食物安全中心的指引，即每100毫升的饮品，糖分不应高于5克。超标样本的

20　"保存期限"是从制造日期算起，产品可以保持品质的时间，其定义为：在特定储存条件下，市售包装食品可保持产品价值的期间，其为时间范围，例如"保存期限：2年"。"有效日期"则是保存产品价值的最终期限，应为时间点，例如"有效日期：×年×月×日"。

糖分为6～10克不等。台湾地区卫生福利部门有关糖每日建议摄取参考值，已于"居民饮食指标"修订草案中增订添加糖摄取量上限不宜超过总热量10%，以成人每日摄取热量2000千卡计算，糖摄取应低于200千卡，以1克糖热量4千卡计算，一天糖摄取量应少于50克。而根据国健署调查，"全糖"珍珠奶茶700毫升，含糖量近62克，几乎一天一杯就糖量爆表。

Nature科学杂志于2012年发表的《砂糖的毒性真相》中表明，糖会令人上瘾，过量摄取会造成肥胖、糖尿病、心脏病和肝病等疾病。民众在选购速溶咖啡时，可多留意包装上的营养及成分标签，尽量挑选较少糖分及添加物的产品。

■ 更多咖啡小科普：

孕妇切勿喝咖啡

咖啡因会加快胎儿心跳速率及新陈代谢速度，也会降低母体血液流入子宫的速度，使供应胎儿的血中氧气量与养分降低，影响胎儿发育。

是什么使总胆固醇指数上升呢？

日本研究发现，传统滤泡咖啡不会影响胆固醇浓度，但速溶咖啡会明显提高总胆固醇浓度及低密度脂蛋白。这可能是由于速溶咖啡或三合一咖啡添加了大量的糖和植脂末。

咖啡是美容护肤圣品

咖啡浆果提取物中含有高浓度的多酚，其拥有强大的抗氧化能力，可改善由光照引起的皮肤老化问题，并且能够显著改善斑点、细纹、提亮肤色。

它们才是真正的咖啡伴侣

根据个人口味偏好调配速溶咖啡时，建议添加鲜奶和糖，口感也许没那么丰富，但更能品尝到咖啡的香味，而且对身体较好。

咖啡粉不喜欢潮湿

冰箱里的温度不稳定，使得水分极易凝结。若经常开合冰箱，温度和湿度波动大，会加速咖啡粉变质，因此咖啡粉不能放进冰箱储存。

和"结块"说bye-bye

冲调速溶咖啡时，先倒1/3杯开水，加入1/3咖啡粉，再用汤匙搅拌均匀，不断重复，每次添加开水和咖啡粉均为1/3，直至添加完毕，能有效防止咖啡粉结块。

保护肌肤却可能增加患癌风险，防晒霜是好是坏？

防晒霜

夏日炎炎，为遮挡紫外线，很多民众在室内、室外都会涂防晒霜。但市面上防晒产品琳琅满目，除了按个人品牌喜好、肤质及肤色选择之外，有部分的人更注重产品标榜的防晒指数（SPF）、添加功能如美白、抗黑、保湿、修护、遮瑕、防水等功效，很容易忽略产品本身附加功能或内含的化学物质。

小鱼亲测平台为市售畅销防晒霜样本进行检测，采购了37个品牌，共51款防晒霜样本做鱼胚胎毒性检测，当中包括Biotherm、Innisfree、Sunplay、Anessa等国际知名品牌。结果显示，在样本安全测试中，有16款为绿鱼、8款为黄鱼、27款为红鱼。

检测样本还发现多达20种类雌激素成分，18款样本的类雌激素超出水中银安全标准，其中4款含量较高的样本，每克被验出接近一粒避孕药的高浓度类雌激素。此外，结果也发现，亚洲品牌样本的安全性总体优于欧美品牌，而防晒指数越高，安全性越低；含物理防晒活性成分的防晒霜，相对化学防晒及混合物理化学防晒活性成分的防晒霜更安全；接近90%的化学防晒霜，安全性未能通过检测而获评红鱼，选购时须加倍留意。

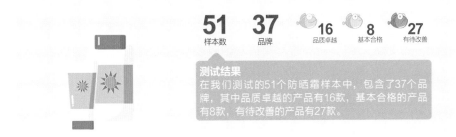

51 样本数　**37** 品牌　**16** 品质卓越　**8** 基本合格　**27** 有待改善

测试结果
在我们测试的51个防晒霜样本中，包含了37个品牌，其中品质卓越的产品有16款，基本合格的产品有8款，有待改善的产品有27款。

■ 性价比大对决：防晒霜不是越贵越好，安全性与价格不成正比

抽取的样本按低、中、高三个价格区间划分，结果分析如下：

品质卓越　基本合格　有待改善

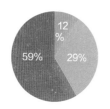

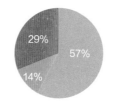

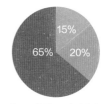

1.5元人民币/毫升以下　　　　1.5～3.5元人民币/毫升　　　　3.5元人民币/毫升以上

共17个，有5个（29%）为绿鱼，2个（12%）为黄鱼，10个（59%）为红鱼。　　　共14个，8个（57%）为绿鱼，2个（14%）为黄鱼，4个（29%）为红鱼。　　　共20个，仅有3个（15%）为绿鱼，4个（20%）为黄鱼，多达13个（65%）为红鱼。

采样的51款样本中，价格最低者为0.35元人民币/毫升，最高为18元人民币/毫升，相差近52倍，平均价格为4.4元人民币/毫升。

防晒霜并不是越贵越安全，太便宜的风险也高。低价及高价产品中均有过半数样本被评为红鱼，表现令人失望；反而中等价位的样本安全性表现较好。

采样　　　　　　　Ⅹ 51款

价格最低：0.35元人民币/毫升　　}相差52倍
价格最高：18元人民币/毫升

市面上防晒产品琳琅满目，价格差距悬殊，着实让消费者难以轻易做出正确的消费抉择，因此绿色小鱼推荐榜单在消费指引上就更显重要了！

■ 品牌所在地大对决：亚洲生产整体表现较欧洲、美洲、澳大利亚优胜

就品牌原产地而言，亚洲（中国大陆、中国台湾、日本、韩国）相较于欧美地区（法国、德国、美国）及澳大利亚表现较理想，六成以上的亚洲原产样本被列入绿鱼。21个亚洲原产样本中，绿鱼占13个（62%），黄鱼4个

（19%），红鱼4个（19%）。其中日本原产样本的绿鱼比例高达82%。欧美地区与澳大利亚原产样本生产整体表现很不理想：在27个欧美原产样本中，绿鱼仅占3个（11%），黄鱼占4个（15%），红鱼占20个（74%）；而澳大利亚原产的3个

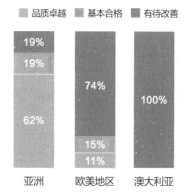

样本则全部被列入红鱼（100%）。令人意外的是，欧美品牌及澳大利亚品牌样本的红鱼占比极高，安全性令人担忧，因此消费者在选购时须谨慎。

■ 亚洲品牌比较：日本、韩国品牌更安全

中国大陆　1个样本来自中国大陆，顺利通过检测，为绿鱼。

韩国　3个样本来自韩国，2个为绿鱼，1个为黄鱼。

中国台湾　6个样本来自中国台湾，1个为绿鱼，2个为黄鱼，3个为红鱼。

日本　11个样本来自日本，9个为绿鱼，1个为黄鱼，1个为红鱼。

　　亚洲品牌的样本中，包括了中国大陆、中国台湾、日本、韩国四个地区的品牌，共计21个样本。亚洲品牌样本的整体表现让人较为放心，尤其日本和韩国品牌的安全性更高。

▌欧美品牌比较：整体表现不理想

美国

法国

法国品牌占9个样本，1个样本为绿鱼。

美国品牌占15个样本，2个样本为绿鱼。

德国

德国品牌占3个样本，但全部未能通过生物检测，均为红鱼。

　　欧美品牌的样本中，主要包括了美国、法国、德国三地的品牌。欧美品牌共计27个样本，所检测的防晒霜整体安全性不高，某知名防晒霜甚至被验出含有高浓度类雌激素，含量堪比避孕药。德国品牌样本全部未能通过生物检测，安全性也令人担忧。

▌三大类型防晒产品中，物理防晒是最安全的选择

　　防晒霜一般可分为物理防晒、化学防晒以及混合防晒（物理＋化学）三种类型，其具体安全性分析如下：物理防晒样本安全性较为出色，有4个（80%）为绿鱼，1个（20%）为黄鱼；化学防晒样本安全性则令人担忧，仅有2个（11%）为绿鱼，多达17个（89%）为红鱼；混合防晒样本安全性也不太理想，5个（28%）为绿鱼，4个（22%）为黄鱼，9个（50%）为红鱼。

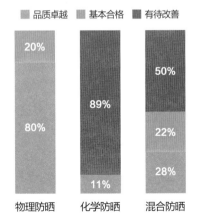

■ 防晒霜小科普：

物理防晒

物理防晒产品中含有二氧化钛及氧化锌，前者能阻隔UVB和短光波的UVA，后者能阻隔UVB及所有波长的UVA。由于这两类物质较安全、无刺激性，因此相对也较为安全，但缺点是质感偏黏腻，涂抹时会泛白。

化学防晒

化学防晒又称防晒剂，含有二苯酮-3、4-甲基亚苄亚基樟脑、桂皮酸盐等活性成分。长期使用化学防晒，容易影响内分泌系统，增加患上生殖系统疾病的风险，应避开含有这些成分的防晒产品。

混合防晒

混合防晒结合了物理和化学两种防晒原理。物理防晒的效果优于化学防晒，但在防晒时长及质感上，化学防晒弥补了物理防晒的缺陷。不过，各种防晒成分混合在一起，容易因产生化学反应而影响安全性。

进行户外活动时，建议挑选物理防晒霜配合防晒装备，例如先涂上适量防晒霜后，再穿上长袖衣物或撑阳伞，以达到防晒目的。

■ 化学防晒霜样本中，发现多达20种类雌激素成分

这次检测在将近90%的化学防晒样本中发现多达20种类雌激素成分，其中出现频率较高且危害性较大的成分有：二苯酮-3（12个样本）、4-甲基亚苄亚基樟脑（2个样本）、桂皮酸盐（20个样本）等。

以上化学成分均属类雌激素，能被皮肤快速吸收，并经由血液输送到身体各部位，影响人体健康。例如，二苯酮-3能引发皮肤敏感；4-甲基亚苄亚基樟脑会导致甲状腺功能减退，令儿童智力、身体发育迟缓，成人出现脱发、疲劳等症状；桂皮酸盐则能经由血液混入母乳，通过母体由婴儿吸收，影响下一代健康。

身体长期吸收这些化学成分，容易破坏生理平衡、增加罹癌风险、造成生殖能力下降等不良后果。

尽管化学防晒霜阻隔了紫外线带来的伤害，但当中所含活性成分却会损害人体的内分泌功能，增加患癌风险。因此，防晒也要注重安全，不应盲目追求防晒效果。

【报告回顾】小鱼亲测之前发布的BB霜检测报告中，提到含有防晒指数的BB霜产品安全性，结果显示随着SPF指数上升，安全系数有明显下降的趋势。那份报告也同时提及：SPF 15的防晒霜能阻挡93%的UVB；SPF 30的防晒霜能阻挡97%；而SPF值为45的产品则可以阻挡98%。因此，SPF值越高的产品并不代表防晒效果越显著，SPF30以上的防晒产品效果几乎没有太大区别。

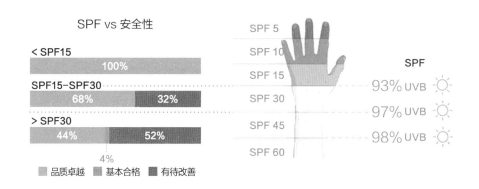

健康小锦囊　选用适合的防晒产品适度涂抹

香港中文大学医学院家庭科专科医生周壮群指出："孕妇、婴儿、发育中的儿童及青少年较容易受内分泌干扰物（如类雌激素）影响。防晒霜内的化学成分能被皮肤快速吸收，继而进入血液并输送到身体各部位，科学研究已证实，防晒霜成分可于母乳、乳房组织、胎盘、脐带血……中发现。其中的类雌激素成分，如较常见的化学防晒剂及被广泛使用的对羟基苯甲酸酯（Paraben）类防腐剂，会干扰我们的内分泌系统，造成诸多不良后果。"

周医生提醒家长们，儿童皮肤较稚嫩敏感，有些成人防晒霜含香料、防腐剂，容易引起皮肤敏感或湿疹，最好选用成分简单的儿童专用防晒霜。另外，6个月以下婴儿不应使用防晒霜，并且避免被太阳直晒；民众进行户外活动前30分钟便应涂抹防晒霜。若排汗多，或是进行水上活动，要勤于补涂防晒，但切忌厚涂，增加毛孔阻塞的机会。不管防晒指数多少，所有防晒霜的功效大概维持

2小时，过后没被遮盖的部位要再次补涂。暴晒后要多喝水，为身体补充足够水分，同时涂抹适量乳霜，滋润皮肤。

◆ ◆ ◆

■ 防晒霜小知识：

在古希腊，参加奥运的裸男为了防晒而将橄榄油涂满全身，防晒历史从此展开。

伊丽莎白时期的女性为了防止被太阳晒黑，不惜戴上丑陋的面具。

云层无法阻隔UVA（长波紫外线），因此在任何天气或季节都要做好防晒。

唇部也要防晒，紫外线会导致唇部缺水、脱皮以及唇色变深。

防晒不是浅肤色人士的专利，非洲人也是会被晒黑的。

紫外线能晒黑皮肤，也能晒出雀斑。

■ 多防晒霜小科普：

如果喜欢皮肤黝黑点，是否就可以不涂防晒呢？

绝对不行！
紫外线除了能加速黑色素合成，除令人变黑之外，还会破坏皮肤保湿功能，使肌肤变得干燥，损伤弹力纤维，产生细纹，严重者更会发展成色素性皮肤癌。

什么是"受晒资本"？

普通人的"受晒资本"为5000小时，超过上限会引起皮肤癌，但这个时间包括曝晒和所有与阳光的接触时间。日晒次数越多，扣分越多，当受晒资本都扣完了，皮肤再接触阳光就很危险了。

为什么下雪天更要防晒呢？

 雪对紫外线的反射会令辐射加倍，特别是在高海拔地区。早春也要注意，尽管温度较低，但太阳的紫外线辐射却是意想不到的强烈。

 防晒也要从小开始？

 这个当然！
儿童肌肤比较幼嫩敏感，而成人防晒霜多数含有香料、防腐剂等成分，容易引起皮肤过敏，应为孩子挑选专用的防晒霜！而6个月以下婴儿不宜使用防晒品，也要避免被太阳直晒。

 什么情况下要补涂防晒霜？

 首先，在接触阳光前30分钟，就应涂抹好防晒霜，以便发挥功效。通常涂一次防晒，效果可维持2小时，之后就要再涂抹。如果排汗多，或进行水上活动，更应该勤加补擦防晒品。

 涂上厚厚的防晒霜，就可以任意晒太阳了吗？

 过量的防晒霜会堵塞毛孔，容易长痘痘，所以绝对不能涂太厚！曝晒会加速身体水分蒸发，因此曝晒后要多喝水，为身体补充水分。同时要做好晒后修复工作，滋润皮肤。

常温下久久不融化的冰淇淋，有特异功能？

冰淇淋

　　烈日当空，冰淇淋成为夏日消暑佳品。然而，澳大利亚一则有关冰淇淋在户外暴晒五天未见融化的国际新闻，引来全球极大的回响，很多人感到错愕之余，也担心冰淇淋中添加成分会给人体带来负面影响。平台因此采购了9个冰淇淋品牌，共29款冰淇淋样本做鱼胚胎毒性检测，当中包括国际知名品牌如Nestlé、Häagen-Dazs、Dreyer's、Mövenpick、LILY & RAN等。

　　结果显示，在样本安全测试中，有12个样本获得代表品质卓越的绿鱼、7个样本为基本合格的黄鱼、10个样本是有待改善的红鱼。

　　所有检测样本标示的添加物成分均符合多国法规的使用建议，但在以全球领先的生物测试技术Testing 2.0检测后，发现所使用的鱼胚胎接触过部分冰淇淋样本提取物，分别出现发育变异甚至死亡的情况，证实部分样本包含现有传统技术未能探测的有毒物质。

29 样本数　**9** 品牌　**12** 品质卓越　**7** 基本合格　**10** 有待改善

测试结果
在我们测试的29个冰淇淋样本中，包含了9个品牌，其中品质卓越的产品有12款，基本合格的产品有7款，有待改善的产品有10款。

12款冰淇淋安全榜单查看网址：https://goo.gl/uQnsMx

▌价格对比：高价位冰淇淋的安全性并不突出

就价格而言，购回的29款样本当中，平均价格为17.8元人民币/100毫升。价格最低为2.4元人民币/100毫升，最高为26.7元人民币/100毫升，相差近12倍。

将抽取样本划分为低、中、高三个价格区间：17.3元人民币/100毫升以下的样本共10个，绿鱼占4个（40%），黄鱼占3个（30%），红鱼占3个（30%）；价格范围在17.3～19.1元人民币/100毫升的样本共10个，绿鱼占3个（30%），黄鱼占4个（40%），红鱼占3个（30%）；价格在19.1元人民币/100毫升以上的样本共9个，绿鱼占5个（56%），红鱼占4个（44%）。

■ 品质卓越　■ 基本合格　■ 有待改善

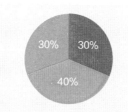

17.3元人民币/100毫升以下

17.3~19.1元人民币/100毫升

19.1元人民币/100毫升以上

共10个样本，4个（40%）为绿鱼，3个（30%）为黄鱼，3个（30%）为红鱼。

共10个样本，3个（30%）为绿鱼，4个（40%）为黄鱼，3个（30%）为红鱼。

共9个样本，5个（56%）为绿鱼，4个（44%）为红鱼。

总括来说，大部分低价与中等价位冰淇淋的品质安全并不理想，绿鱼比例低于一半，高价冰淇淋的红鱼比例居高不下，因此选购冰淇淋时价格未必是最重要的考量。

▌品牌所在地比较：瑞士品牌样本更安全

本次抽样主要抽取了来自中国香港、日本、瑞士、美国、新西兰等地的品牌。

在比较不同"品牌所在地"的数据时，瑞士品牌样本的安全性表现较其他地区好。

中国香港9个样本　　　　　45%绿鱼　　　　22%黄鱼　　　　33%红鱼

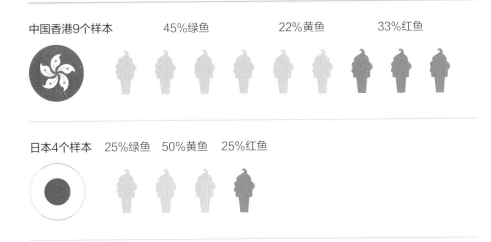

日本4个样本　25%绿鱼　50%黄鱼　25%红鱼

瑞士5个样本　　　　　60%绿鱼　　　　20%黄鱼 20%红鱼

美国8个样本　　　　37.5%绿鱼　　　　25%黄鱼　　　　37.5%红鱼

新西兰3个样本　33%绿鱼　67%红鱼

■ 添加物即使未超标，也不代表安全

冰淇淋的原料一般包括奶、水、糖、鸡蛋等，之所以能凝固成型，与添加物有着莫大的关系。

奶　　　　　水　　　　　糖　　　　　鸡蛋

【事件回顾】2017年8月，澳大利亚一名老奶奶在超市买了一个三明治冰淇淋给她的孙子，小孙子拆包装时不小心弄掉两块。没想到冰淇淋在户外经过整整4天的暴晒，居然丝毫没有融化的迹象，甚至没有任何动物或昆虫靠过去舔食。之后有专家指出，这种不融化的冰淇淋无疑是加入了胶质。制造商也向媒体承认，为了减缓冰淇淋融化的速度，产品中的确有加了增稠剂。

29个检测样本中，最常见的添加物成分为瓜尔胶（22个样本）、槐豆胶（15个样本）以及卡拉胶（15个样本），这些成分均是常见的食品稳定剂和增稠剂。若按照多国法规所规定的范围使用，适量的添加物将不会对健康构成直接风险。

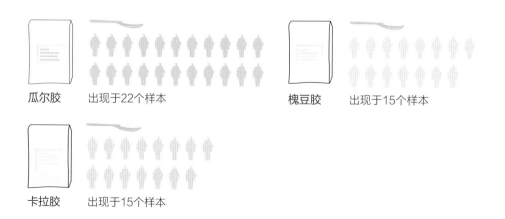

瓜尔胶　出现于22个样本　　　　　槐豆胶　出现于15个样本

卡拉胶　出现于15个样本

然而，目前的通用检测方法仅对较常见或有可能出现的有害和有毒化学物质进行风险评估，并没有对其他有机会出现的化学物质，以及在混合效应下所出现的毒性效应做出具体的测试。

"胶"的小科普　卡拉胶与黄原胶

卡拉胶（Carrageenan）又称鹿角菜胶，是以数种海藻提炼的天然产物，为食品工业中应用非常广泛的添加物。不过针对在婴幼儿食品中的用量，世界卫生组织、欧盟食品

卡拉胶

安全局（European Food Safety Authority, ESFA）和中国食品药品监督管理部门都有限制。同时欧盟食品安全局也规定4个月以下的婴儿食品不能使用卡拉胶。

黄原胶（Xanthan gum）又称三仙胶，是经过细菌发酵之后产生的复合多糖，常被添加在食物中作为增稠剂或稳定剂。但根据欧盟食品安全局2017年重估报告，黄原胶可能含有铅、砷、镉和汞等重金属，因此计划修改其内含重金属的限量，确保它不会成为食物中有毒成分的主要来源。

◆ ◆ ◆

如果食品添加物未超标，理论上不会对人体造成危害。但是合法并不代表安全，多种添加物或添加物与原料混合时，不排除会出现毒性效应的可能，影响冰淇淋的安全性。

关于冰淇淋中常见的添加物，中国香港营养师学会认可营养师李杏榆女士在媒体发布会上表示："卡拉胶是从红藻中提炼出来的，常用于冰淇淋及乳制品，有凝胶、增稠及乳化功用，用以改善食品的口感；而瓜尔胶与槐豆胶均属天然胶质，主要功能为乳化、增稠及稳定。"

"其他如食用色素及防腐剂，也普遍用于冰淇淋中，但这些化学添加物并不是必需品。以色素为例，可以是天然或是人工合成，用于取代原材料，加到冰淇淋里面，令颜色看上去更鲜艳、更具吸引力。但过去有研究指出，儿童摄入过多色素可能会诱发多动，影响情绪。"

■ 冰淇淋小知识：

冰淇淋曾经是精英和贵族才可享用的甜点。

2014年，全球冰淇淋销量突破500亿美元，其中1/3都是中国人吃掉的。

在北方，冬天冰淇淋可以放路边卖，不需要冰柜储存。

对印度人来说，咖喱就是生命，于是有了咖喱口味的冰淇淋。

日本公司推出了一种在常温下可保持1小时不融化的冰淇淋。

为满足生产工艺和消费者需求，无法避免于冰淇淋中加入食品添加剂。

祸从口入！小心润唇变毁唇！

护唇膏

每年一到秋天，有些人嘴唇就容易干裂、脱皮，这时候护唇膏顿时成了护唇的好帮手，药妆店架上产品更是多不胜数。其中有部分护唇膏包装上会标示添加功能，如药用防晒、防水、有效淡化唇纹、解决黯淡唇色、修复受压皮肤细胞等，显得用途很广泛，消费者选购时往往忽略了这些添加功能所包含的化学物质，一旦过量摄入可能提高健康风险。

为了帮民众的健康把关，小鱼亲测平台采购了30个品牌，共31款护唇膏样本做鱼胚胎毒性检测，当中包括NIVEA，Innisfree，Curél，Kiehl's，MAYBELLINE，Mentholatum（曼秀雷敦）等国际知名品牌。结果在样本安全测试中，有16款样本显示为绿鱼、4款为黄鱼、11款为红鱼。

同时也发现，8款标榜具防晒功能的护唇膏样本中，有7款未能通过慢性毒物测试（类雌激素），其中数款国际知名品牌护唇膏的类雌激素含量相对水中银安全指标高出11倍以上；另于急性毒物测试中，也发现急性毒超标样本相对安全指标高达24倍以上，怀疑是添加成分如棕榈酸维生素A、二苯酮-3、丁羟甲苯等，在单独或混合效应下产生毒性反应。

31 样本数　**30** 品牌　**16** 品质卓越　**4** 基本合格　**11** 有待改善

测试结果
在我们测试的31个护唇膏样本中，包含了30个品牌，其中品质卓越的产品有16款，基本合格的产品有4款，有待改善的产品有11款。

16款护唇膏安全榜单查看网址: https://goo.gl/HM9vuS

■ 性价比对决: 便宜也有好货!

将护唇膏样本按低、中、高三个价格区间划分, 结果分析如下:

■ 品质卓越 ■ 基本合格 ■ 有待改善

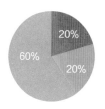

6.6 元人民币 / 克以下

共10个样本, 6个 (60%) 为绿鱼, 2个 (20%) 为黄鱼, 2个 (20%) 为红鱼。

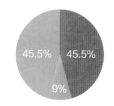

6.6~13.2 元人民币 / 克

共11个样本, 5个 (45.5%) 为绿鱼, 1个 (9%) 为黄鱼, 5个 (45.5%) 为红鱼。

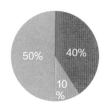

13.2 元人民币 / 克以上

共10个样本, 5个 (50%) 为绿鱼, 1个 (10%) 为黄鱼, 4个 (40%) 为红鱼。

采样的31个样本中, 价格最低为1.9元人民币/克, 最高为50元人民币/克, 相差近26倍, 平均价格为13.5元人民币/克。

价格最低 1.9 元人民币 / 克 VS 价格最高 50 元人民币 / 克

相差26倍

从上面圆饼图分析结果可以发现, 低价位护唇膏样本有超过60%通过安全检测, 安全性比中等价位及高价位样本高, 且有逾半数中等价位和高价位样本未能通过生物检测。

■ 品牌所在地比较: 亚洲样本超过六成通过生物检测

此次抽验的护唇膏品牌主要来自亚洲、欧洲、美洲和大洋洲等地区。检测结果发现, 在"品牌所在地"类别的数据对比中, 亚洲品牌的护唇膏样本超过六成通过生物检测, 被评为绿鱼产品, 安全性让人比较放心。

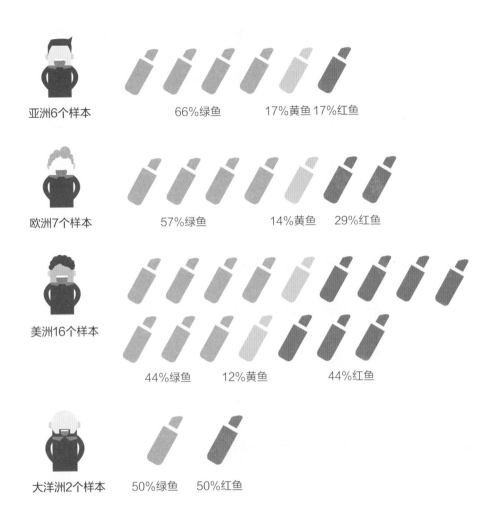

亚洲6个样本   66%绿鱼   17%黄鱼 17%红鱼

欧洲7个样本   57%绿鱼   14%黄鱼   29%红鱼

美洲16个样本   44%绿鱼   12%黄鱼   44%红鱼

大洋洲2个样本   50%绿鱼   50%红鱼

■ 哪国产品最令人放心？国产护唇膏安全性最高

就产地而言，主要选取在中国、日本、韩国、法国、德国、美国和澳大利亚出产的护唇膏，共计31个样本进行检测。

31个样本中，5个产自中国，全部通过检测，为绿鱼（100%）；2个产自日本，1个（50%）为绿鱼，1个（50%）为黄鱼；2个产自韩国，均未能通过检测，为红鱼（100%）；6个产自法国，3个（50%）为绿鱼，1个（17%）为黄鱼，2个（33%）为红鱼；2个产自德国，1个（50%）为绿鱼，1个（50%）为红鱼；13个产自美国，6个（46%）为绿鱼，2个（15%）为黄鱼，5个

（39%）为红鱼；1个产自澳大利亚，未能通过生物检测，为红鱼（100%）。

总括来说，就品牌所在地，亚洲相比欧洲、美洲及大洋洲的表现较理想，六成以上的亚洲品牌样本被列入绿鱼；就护唇膏生产地，与品牌所在地结果相若，亚洲表现尤以中国生产较欧美理想。

中国5个样本　全部顺利通过检测，100%绿鱼

日本2个样本　50%绿鱼　50%黄鱼

韩国2个样本　均未能通过检测，100%红鱼

法国6个样本　50%绿鱼　17%黄鱼　33%红鱼

德国2个样本　50%绿鱼　50%红鱼

美国13个样本　46%绿鱼　15%黄鱼　39%红鱼

澳大利亚1个样本　未能通过检测，100%红鱼

■ 慢性毒检测：防晒护唇膏中发现类雌激素！

完成检测的31款护唇膏样本，其中8个样本标示拥有防晒功能。

经生物检测发现，其中8款防晒护唇膏有7个样本未能通过慢性毒物测试，被评为红鱼。

护唇膏小科普 **为什么护唇膏要有防晒功能？**

由于没有色素保护，双唇比身体任何其他部位皮肤都要娇嫩，更容易受到紫外线的伤害，加上唇彩等化妆品会放大紫外线，增加嘴唇被烈日灼伤的概率，因此制造商为护唇膏添加了防晒功能，以达到唇部防晒效果。

◆ ◆ ◆

在红鱼样本中发现不同的化学防晒成分，如二苯酮-3（6个样本）、甲氧基肉桂酸乙基己酯（8个样本）、奥克立林（2个样本）、胡莫柳酯、二甲基PABA乙基己酯、水杨酸乙基己酯和丁基甲氧基二苯甲酰基甲烷。以上成分均属类雌激素物质，有可能会令生物产生毒性反应。

欧盟及英国注册毒理学家陈雪平博士举例说明："二苯酮-3属防晒成分，可阻挡UVB及部分UVA，但会穿透皮肤引发过敏反应。特别值得关注的是，这种化学品会干扰人体的内分泌系统，改变雌激素平衡，影响正常发育。美国环保组织EWG强烈建议不要选择含有此成分的化妆品。而棕榈酸维生素A是维生素A的衍生物，具抗氧化功能，可防腐。但医学上已经证实，过量摄取维生素A有机会影响脂肪代谢，导致肝脏毒性增加、中老年妇女骨质密度下降及容易骨折，甚至造成胎儿畸形。挪威卫生部门早在2012年就警告孕妇及哺乳妇女避免使用含维生素A的产品。至于丁羟甲苯属防腐剂，可能引起皮肤炎及过敏，令肺癌肿瘤加速增长。"

此外，检测也发现有15个样本加了石蜡成分，如矿脂、矿油、Petroleum jelly、Petrolatum等。石蜡是一种保湿物质，由于其保湿功能较差，未能锁住水分，令嘴唇"越涂越干"，同时有机会致敏。另有多达21个样本掺入香料成分，如柠檬醛、香叶醇、香茅醇、芳樟醇、沉香醇等，也可能导致皮肤过敏、痕痒，甚至色素性化妆品皮炎（pigmented cosmetic dermatitis）。

几款国际知名品牌护唇膏

慢性毒物测试

发现类雌激素

世界卫生组织与联合国已指出，类雌激素可能导致人体各种疾病，如癌症、生殖能力下降、神经系统紊乱、儿童性早熟、糖尿病等。建议消费者选购护唇膏时，多留意产品成分标示，以功效较基本、添加成分少的为首选。

■ 护唇膏小知识：

护唇膏喜欢玩捉迷藏，总是买多少弄丢多少。

在磨脚的地方涂上护唇膏，可减少鞋子和皮肤的摩擦。

在喷完香水的部位涂上一层，可减缓香水挥发速度。

护唇膏可以轻微止痒。

将护唇膏涂在鼻子附近，可防止肌肤干燥。

在护唇膏里插一根火柴，可充当临时蜡烛。

1 **查外观**

如果表面无光泽或不平滑、有气孔，即为劣质产品。

44~46℃　24h　✕

2 **高温法**

在44~46℃环境放置24小时，如出现软化现象，即为劣质产品。

3 **低温法**

在0~5℃环境放置24小时，恢复室温后，如出现异常现象，即为劣质产品。

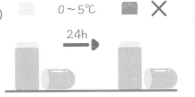

0~5℃　24h　✕

你吃进肚子的口红，可能是防腐剂派来的魔鬼！

口红（唇膏）

每位女士的化妆包内都会常备一支口红，一年四季任何场合，口红都是装扮的好帮手。一般消费者选购口红时，多半会考量品牌、颜色、闪亮效果、香味和水润性等元素，往往忽略产品标签上列举的化学添加成分。作为女士的随身物品，必须细心留意口红所含有害化学成分，以免长期过量摄入而危害健康。此次平台采购了23个品牌，共 31个口红样本做鱼胚胎毒性检测，当中包括YVES SAINT LAURENT、L'Oréal、Shu Uemura、CHANEL、REVLON、MAYBELLINE、Max Factor、Innisfree等国际知名品牌。

结果显示，在31款口红样本安全测试中，有23 款为绿鱼、3款为黄鱼，5 款为红鱼。毒性超标最高的欧洲口红样本，经急性毒物测试，毒性较同类型产品比较下所订立安全标准高出近17倍；而在慢性毒物测试中，该样本也表现出高毒性，导致所有测试鱼胚胎死亡。团队于成分筛查发现近半数口红含有不同化学防腐成分，这些类雌激素物质容易被身体吸收，潜伏于母乳、乳房组织、脐带血或甚至胎盘，祸延后代。另有部分产品添加石蜡、香料，可能会刺激皮肤，重则引致急性过敏性唇炎。

31 样本数　**23** 品牌　🐡 **23** 品质卓越　🐡 **3** 基本合格　🐡 **5** 有待改善

测试结果
在我们测试的31个口红样本中，包含了23个品牌，其中品质卓越的产品有23款，基本合格的产品有3款，有待改善的产品有5款。

23款口红安全榜单查看网址：https://goo.gl/3Ttj2b

▌ 品牌所在地比较：亚洲品牌样本安全性较优胜

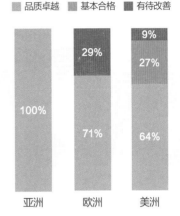

本次抽检的口红品牌，主要来自亚洲、欧洲和美洲三大地区。其中亚洲品牌样本共6个，全部通过测试，100%为绿鱼；欧洲品牌样本共14个，10个（71%）为绿鱼，4个（29%）为红鱼；美洲品牌样本共11个，7个（64%）为绿鱼，3个（27%）为黄鱼，1个（9%）为红鱼。

测试结果发现，在"品牌所在地"类别的数据对比中，亚洲品牌的样本全部通过生物检测，被评为"品质卓越"，较欧美地区的品牌样本更安全。

▌ 低价口红安全性反而更高

将抽取的口红样本按低、中、高三个价格区间划分，结果分析如下：

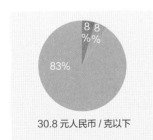

30.8 元人民币 / 克以下

共12个样本，10个（84%）为绿鱼，1个（8%）为黄鱼，1个（8%）为红鱼。

30.8~70.4 元人民币 / 克

共9个样本，7个（78%）为绿鱼，2个（22%）为红鱼。

70.4 元人民币 / 克以上

共10个样本，6个（60%）为绿鱼，2个（20%）为黄鱼，2个（20%）为红鱼。

采样的31个样本中，价格最低为20.2元人民币/克，最高为185.3元人民币/克，相差超过9倍，平均价格为54.8元人民币/克。

价格最低 20.2元人民币/克 VS 价格最高 185.3元人民币/克

相差超9倍

从圆饼图分析结果可清楚看出，这次检测低、中、高三个价位的口红样本，均有超过半数通过安全检测。值得一提的是，超过八成的低价位样本被评为绿鱼，显示安全性更高。

唇膏小科普　口红的"出汗"现象

将口红放在36℃以上的环境就会"出汗"。从化学结构角度来看，配方越简单的口红，"出汗"现象越严重。为解决这个问题，有厂商就在里面添加胶凝剂。

大部分的口红含有多种化学物质，例如为了让各种原料融合而添加的溶剂，以及色素、石蜡、乳化剂、香料等口红主要成分。检测结果证实，若添加了不合格的化学成分，或成分间融合后产生化学反应，会直接影响口红的品质，增加毒性风险。

◆ ◆ ◆

▎慢性毒检测：产品中发现类雌激素成分

在慢性毒物测试中，有5个样本（16%）未能通过检测。

慢性毒物测试结果 { 84%通过

16%未能通过

口红样本成分列表中，发现20个样本分别含有不同化学防腐剂成分，譬如较常见的二丁基羟基甲苯（Butylated hydroxytoluene, BHT）（12个样本）以及对羟基苯甲酸酯（Parabens）类防腐剂（2个样本）。防腐剂成分有机会令皮肤致敏，越涂越痒。早在几年前全球已有多个国家对Parabens类防腐剂的使用进行修订。

二丁基羟
基甲苯

出现于12个样本

对羟基苯
甲酸酯

出现于15个样本

丹麦从2012年开始禁用Parabens类防腐剂于儿童产品，成为第一个禁用国家。欧盟化妆品法规《EC1223/2009》及我国《化妆品安全技术规范》分别于2014年及2015年起禁用五种Parabens类防腐剂，包括：

1. 对羟基苯甲酸异丙酯（Isopropylparaben）

2. 对羟基苯甲酸异丁酯（Isobutylparaben）

3. 对羟基苯甲酸苯酯（Phenylparabe）

4. 对羟基苯甲酸苄酯（Benzylparaben）

5. 对羟基苯甲酸戊酯（Pentylparaben）

现时，对羟基苯甲酸丙酯（Propylparaben）和对羟基苯甲酸甲酯（Methylparaben）是制造商最广泛使用的Parabens类防腐剂，消费者可多加留意产品上的成分标示，小心选购。

唇膏小百科　口红的储存及使用

口红涂在嘴唇上，难免会和唾液直接接触，而相比起其他化妆品，口红体积容量更小，但受到污染的概率反而更高。因此，为防止口红变质和降低氧化速度，制造商会在产品中添加防腐剂成分，以延长产品使用期限。

关于口红的储存方式，要留意避免放置于高温、潮湿的地方，如台灯旁或浴室、洗手间，以免增加接触细菌的机会，加速产品变质。另外，在涂口红时，可以使用唇刷，以避免沾到唾液，滋生细菌。

储存

使用

■ 唇膏小知识:

古埃及人钟情于红色、橙色和黑色唇膏。

英国女王发明了大红唇,缔造出永恒的红唇风潮。

不论中西方,古代的男人女人都爱涂口红。

在美国,每当经济萧条时,口红的销量反而有增无减。

中国古代,女子将唇印留于白手帕上,送给心上人以示爱慕。

实验证明,一支3.5克的口红可以吻出561个唇印。

递龄神效是真精华，还是禁用成分的化学作用！

面霜

　　随着年龄增长、季节转换，肌肤开始容易出现细纹、干燥、脱皮等现象，适量涂上面霜，可为面部肌肤注入水分，长效护肤。但市售面霜产品琳琅满目，除依品牌喜好、肤质及价格挑选，有部分人更着重包装标示的添加功能，如紧致、保湿、美白、抗氧化、抗敏舒缓、防晒等。同样地，许多消费者往往忽略添加功能所涉及的化学物质，长期摄入可能构成严重健康风险。于是小鱼亲测平台抽样搜集了30个知名面霜品牌，共30款面霜样本做鱼胚胎毒性检测，当中包括SK-Ⅱ，Estee Lauder，LANEIGE，FANCL等。

　　结果显示，在30款面霜样本安全测试中，17款样本为代表品质卓越的绿鱼、1款样本为代表基本合格的黄鱼、12款样本为代表有待改善的红鱼。团队于成分筛查中发现，有多款样本含国际禁用成分、释放致癌物成分，以及已知类雌激素成分。其中类雌激素成分已获多份国际研究证实容易被身体吸收，通过母体传递而影响下一代成长发育。消费者在选购面霜时，最好多比较产品包装上的成分列表，选用功效较基本，少防腐、防晒、香料、酒精等成分的面霜。

30 样本数　**30** 品牌　**17** 品质卓越　**1** 基本合格　**12** 有待改善

测试结果
在我们测试的30个面霜样本中，包含了30个品牌，其中品质卓越的产品有17款，基本合格的产品有1款，有待改善的产品有12款。

17款面霜安全榜单查看网址：https://goo.gl/PjXREN

■ 中等价位面霜安全性较低、高价位优胜，价格相差500倍

先将抽取的面霜样本按低、中、高三个价格区间划分，进行结果分析：

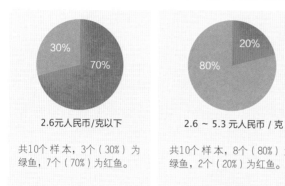

■ 品质卓越　■ 基本合格　■ 有待改善

2.6元人民币/克以下

共10个样本，3个（30%）为绿鱼，7个（70%）为红鱼。

2.6～5.3人民币/克

共10个样本，8个（80%）为绿鱼，2个（20%）为红鱼。

5.3人民币/克以上

共10个样本，6个（60%）为绿鱼，1个（10%）为黄鱼，3个（30%）为红鱼。

采样的30个样本中，价格最低为0.08元人民币/克，最高为44元人民币/克，相差近500倍，平均价格为5.7元人民币/克。纵观低、中、高三

价格最低
0.08 元人民币 / 克　VS　价格最高 44 元人民币 / 克

相差近500倍

个价格区间样本的表现，中、高价位的安全性表现较好，而中等价位样本表现最为卓越。

■ 成分筛查发现国际禁用成分

■ 表现理想　■ 有待改善

30个样本　　　成分筛查　　　成分筛查结果

80%　　20%

成分筛查的结果，24个（80%）样本表现理想，其中6个（20%）样本被查出含有禁用成分。

羟苯异丁酯（出现于1个样本），是一种对羟基苯甲酸酯类防腐剂，即前述对羟基苯甲酸异丁酯（Isobutylparaben），属于类雌激素，长期使用易集聚体内，增加患癌风险。中国和欧盟已将其纳入禁用名单。

甲基异噻唑啉酮（Methylisothiazolinone）（出现于3个样本），是一种强效的杀菌和防腐剂，其致敏性值得关注，欧盟于2016年4月16日起禁用。

另外，还发现了红色4号（CI14700）和橙色4号（Orange4）两款被欧盟和美国禁用的色素。其他在面霜样本中发现的常用防腐剂，如二丁基羟基甲苯（BHT）（出现于2个样本）、二羟甲基二甲基乙内酰脲（DMDMH）（出现于1个样本）及对羟基苯甲酸酯（Parabens）类防腐剂（出现于11个样本）等。

二丁基羟基甲苯可引起皮肤炎及过敏症状，有国际毒理研究指出过量摄入有机会令肺癌肿瘤加速增长。欧盟化妆品及非食品科学委员会也证实二羟甲基二甲基乙内酰脲可释放甲醛致癌物，刺激皮肤，长期大量摄入可诱发癌症。二丁基羟基甲苯及对羟基苯甲酸酯均属已知类雌激素，可引发上述提过的疾病，包括癌症，且怀孕妇女更有机会把身体所吸收的类雌激素物质传给下一代。科学研究已证实，这些物质可通过母乳、乳房组织、脐带血甚至胎盘，经由胎儿的脑部、呼吸系统、肠道、皮肤等摄入，造成胎儿发育畸形，甚至日后出现儿童性早熟、痴肥等健康问题。

可见面霜产品当中普遍存在防腐剂。消费者选购面霜护肤，要小心研究具体成分，避免用到有害或劣质成分的产品。小鱼亲测平台绿鱼优品榜单提供正确清晰的指引，消费者在购买前可预作参考。

顺带一提，面霜样本中也发现致敏香料成分（出现于6个样本）及石蜡（出现于3个样本）。香料部分：丁香酚（Eugenol）、香豆素（Coumarin）、羟基香茅醛（hydroxycitronellal）、香叶醇（Geraniol）、香茅醇（Citronellol）、苯甲醇（Benzyl Alcohol）、苯甲酸苄酯（Benzyl Benzoate）、柠檬醛（Citral）、水杨酸苄酯（Benzyl salicylate）、d-柠檬油精（D-limonene limonene）等均属已知过敏香料，用来提升芳香效果，有机会导致皮肤过敏、痕痒，甚至色素性化妆品皮炎（pigmented cosmetic dermatitis）。石蜡部分：Petroleum jelly、petrolatum、矿脂、矿油等，是一种平价及通用的保湿物质，然而保湿功能较差，未能有效锁住水分，唇部皮肤因较其他皮肤组织幼嫩，容易致敏。

■ 面霜小知识：

无油配方面霜是指无矿物油，并非不含油脂。

乳液含水量高，面霜滋润性强。

干性皮肤适合使用面霜，油性皮肤适合使用乳液。

日霜＝轻盈＋修颜＋防晒；晚霜＝厚重＋滋养＋修护。

面霜质地厚重，锁水功效更佳，适宜放在护肤最后一个步骤。

日霜用完了，能暂时用晚霜代替一下吗？

皮肤在白天接触紫外线、空气污染等，日霜可以起到隔离的作用。晚上11点至次日凌晨5点，是皮肤细胞生长和修复旺盛的时候，晚霜滋润度高，所含成分浓度比日霜更精细，易于吸收。
早上使用晚霜，肌肤得不到防护，还会因为营养过剩而造成负担，堵塞毛孔；晚上使用日霜，则没有足够的养分修复肌肤。**因此，两者并不能混淆使用。**

"痘痘肌是因为补水不足"，应多用面霜?

首先，长痘痘与油脂过多、毛孔堵塞有着密不可分的关系。面霜含有如石蜡、矿脂等封闭剂成分，锁水保湿功能比较突出。假如长痘痘时使用过多保湿产品，更容易造成毛孔堵塞，阻碍皮肤恢复。

正确的面霜涂抹手法是?

对大多数人来说，T字部位是出油重灾区，直接点涂面霜会过油，所以建议面霜的按摩从脸颊开始，然后逐渐带到T区。

■ 更多使用面霜的小知识:

还有其他更多的产品报告不能尽录，有兴趣的朋友可自行上"小鱼亲测"官方网页（www.fishqc.com）查看，这个平台的愿景／理念是希望通过世界领先的生物测试技术Testing 2.0，比法规更严格的检测与标准，加强食品、药品、化妆品等日常用品的安全，帮助消费者开启更健康的生活，让大家都能通过"小鱼亲测"，很方便地获得科学与客观产品安全资讯，做出更明智的消费选择，呵护自己和家人，保护环境。作者能和团队参与其中，实在感觉非常荣幸。

图书在版编目（CIP）数据

你该知道的环境激素 / 杜伟梁著 . — 北京：中国轻
工业出版社，2020.12

ISBN 978-7-5184-2884-7

Ⅰ . ①你… Ⅱ . ①杜… Ⅲ . ①环境激素 – 普及读物
Ⅳ . ① X131–49

中国版本图书馆 CIP 数据核字（2020）第 019925 号

本著作中文简体字版经北京时代墨客文化传媒有限公司代理，由城邦文化
事业股份有限公司 商周出版授权中国轻工业出版社有限公司在中国大陆独家出
版、发行。

责任编辑：钟　雨

策划编辑：钟　雨　　责任终审：白　洁　　版式设计：锋尚设计

封面设计：伍毓泉　　责任校对：方　敏　　责任监印：张　可

出版发行：中国轻工业出版社（北京东长安街6号，邮编：100740）

印　　刷：艺堂印刷（天津）有限公司

经　　销：各地新华书店

版　　次：2020年12月第1版第1次印刷

开　　本：710×1000　1/16　印张：12.75

字　　数：270千字

书　　号：ISBN 978-7-5184-2884-7　定价：58.00元

邮购电话：010-65241695

发行电话：010-85119835　传真：85113293

网　　址：http://www.chlip.com.cn

Email：club@chlip.com.cn

如发现图书残缺请与我社邮购联系调换

191201K1X101ZYW